主　编 | 蔡大鹏　康海燕
副主编 | 姚大川

网络安全与管理

WANGLUO
ANQUAN YU GUANLI

中国人民大学出版社
· 北京 ·

前 言

随着科技的发展，互联网深入到经济社会的各个领域，网络安全正面临着严峻的挑战。网络安全就是网络上的信息安全，是指网络系统的硬件、软件和系统中的数据受到保护，不因偶然的或者恶意的攻击而遭到破坏、更改、泄露，系统连续、可靠、正常地运行，网络服务不中断。2017 年 9 月，在北京召开了中国互联网安全大会，说明国家已经开始重视网络安全。在大会上，专家明确指出，网络安全不仅仅针对网络本身，而是包含社会安全、基础设施安全、人身安全等在内的“大安全”概念，迫切需要建立与之相适应的保障体系。

本教材选取了网络安全的主流技术、方法、管理手段等进行介绍，将带领读者更好地了解网络安全，了解网络安全给我们带来的影响，以及通过各种手段来防范各类网络安全威胁。

1. 内容结构

本教材共分为七个单元，第一单元是信息安全，主要讲述了信息与信息安全的概念、信息安全的实现、信息安全的发展与现状等；第二单元是计算机病毒，主要讲述了计算机病毒的概念、典型病毒和恶意软件的分析与清除等；第三单元是智能手机信息安全，主要讲述了智能手机信息安全、智能手机病毒、智能手机隐私泄露等；第四单元是网络安全技术，主要讲述了防火墙技术、入侵检测技术、VPN 技术等；第五单元是密码学基础，主要讲述了密码学的概念，以及古典密码、对称密码、非对称密码和认证技术等；第六单元是信息安全管理与法律法规，主要讲述了信息安全管理、信息安全法律法规、信息安全等级保护等；第七单元是黑客攻击技术，主要讲述了攻击的一般流程、攻击的方法与技术、网络后门与网络隐身等。

2. 本书特点

（1）知识新颖：在知识点的选择上，本教材不仅选取了基础的网络安全知识与技术，也选择了如今流行的网络安全技术以及各类网络安全问题，保证读者学习的知识不落伍。

（2）结构合理：本教材在每一单元都会提出问题等引导读者思考，并且总结知识点，易于读者了解并建立知识结构；从多角度讲解各知识点，使读者快速抓住重点。

编 者

目录 CONTENTS

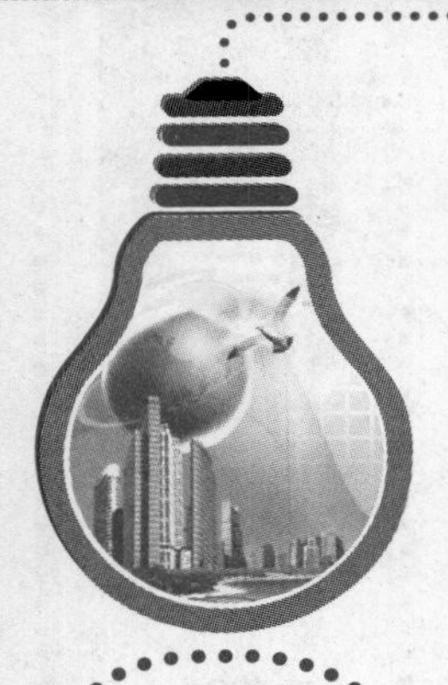

CONTENTS

目录

第一单元

信息安全

Unit

学习导引

同学们好！欢迎你们来到“网络安全与管理”课程的课堂。这门课程将带领我们更好地了解信息安全，了解信息安全给我们带来的影响，以及通过各种手段来防范各类信息安全问题。首先，让我们查看一下自己的计算机，计算机里是否存有各类安全软件？你是否经常给计算机系统打补丁？计算机中是否有防火墙？这类软件是做什么用的？我们面临着哪些信息安全威胁？信息安全是如何发展的？请你们带着疑问，共同进入本单元的主题。

在本单元，我们将共同学习信息与信息安全、信息安全的需求与实现、信息安全的发展等内容。学完之后，相信你对信息安全会有一个全新的认识。

在本单元的学习之旅中，需要你们认真学习本单元的内容，观看教学视频，完成在线学习活动以及作业。只有按照要求完成上述所有环节的内容，你才算完成了本单元的学习任务。

学习目标

学完本单元内容之后，你将能够：

（1）掌握信息与信息安全的概念；

（2）了解信息安全的威胁、实现；

（3）了解信息安全的发展阶段，举例说明信息安全的发展现状。

接下来，让我们一步步深入理解本单元的学习内容吧。首先，我们来熟悉一下本单元内容的整体框架。

知识结构图

图 1－1 是本单元的整体框架以及学习这部分内容的思维过程规划。此图可以帮助大家从整体上了解本单元的知识结构和学习路径，包括信息安全概述、信息与信息安全、信息安全的实现、信息安全的发展与现状。请大家仔细品读和理解，建立对本部分知识的整体印象。

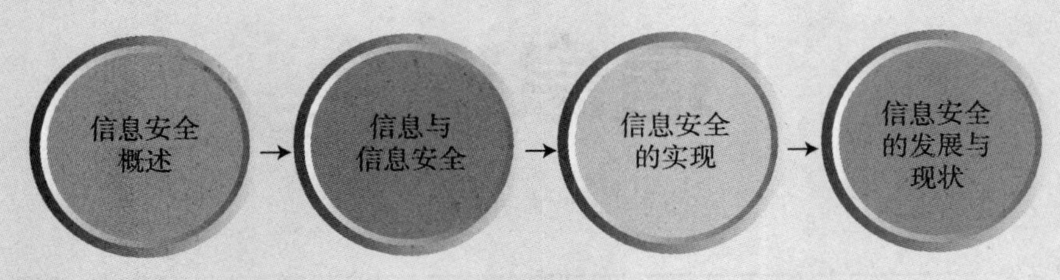

图 1－1　本单元知识结构图

看完上面的知识结构图后，大家是否已经对本单元所要学习的内容以及如何学习这些内容有一个初步的整体印象了呢？接下来，我们在这个整体框架的指引下逐一学习每个知识点。我们在了解了操作计算机时的疑问后，需要学习信息与信息安全的概念、特征等，着重学习信息安全的各种实现技术，以及信息安全的发展与现状。结合生活经验和对相关问题的认识，将理论与实践相结合。

知识点 1 信息安全概述

学前思考 1：

淘宝网上有店铺曾出售“58 同城简历数据”，一位淘宝店主表示：“一次购买 2 万份以上，3 毛钱一条；一次购买 10 万份以上，2 毛钱一条。要多少有多少，全国同步实时更新。”而其他店主则表示花 700 块钱买一套软件，就可以自己采集 58 同城的数据，有效期长达一个月。

为何我们的个人数据被泄露？为什么每个同学的计算机或者手机上都安装了各类杀毒软件？为什么要接受各种安全宣传，比如让我们不要随意下载软件，不要随意点击链接？

请你参考更多资料，思考一下，各种信息安全问题给我们带来了怎样的影响，我们应该如何防范。让我们带着问题学习以下内容吧。

本节知识重点

学习提示：各类安全问题一直困扰着我们，在本部分，我们可以发现信息安全的一些疑问，以及信息面临的威胁等。如果单纯阅读教材上的内容有障碍，我们可以通过观看视频《关于信息安全的一些疑问》来加深理解，然后完成在线学习活动 1。

一、一些疑问

在使用计算机的时候，我们经常会遇到一些安全疑问，比如：

（1）为什么我们要安装杀毒软件？现在市面上的杀毒软件这么多，国外的有诺顿、卡巴斯基、Mcafee 等，国内的有 360、金山、瑞星等，究竟哪一款杀毒软件查杀病毒的效果更好一些呢？

（2）我随意点击了浏览器的某个广告、某个链接，从未验证的网站下载软件或手机应用，有可能会发生什么事？

（3）我连接了一个免费 Wi-Fi，有可能会发生什么事？

（4）为什么我的 QQ 账号会被盗用？

（5）如果有一天，我发现自己的计算机运行很慢，怀疑计算机有病毒，那么应该怎样做应急处理呢？怎样找出病毒隐藏在什么地方呢？

（6）为何要为计算机安装补丁？不安装补丁会怎么样？

（7）我喜欢把密码设置成“123456”或者是我的生日日期，这样做对我的账号安全会有什么影响？

（8）防火墙是做什么的？如何使用软件防火墙来封锁一个 IP 地址或一个端口？

（9）当信息系统遭受攻击的时候，为什么经常会查到攻击人的IP地址在日本、美国甚至是欧洲的某些国家呢？难道真的有日本人、美国人或是欧洲人在攻击信息系统吗？

二、信息面临的威胁

信息的安全威胁是永远存在的，如图 1－2 所示，信息的安全威胁真是无处不在。下面从信息安全的五个层次来介绍信息安全中的威胁。

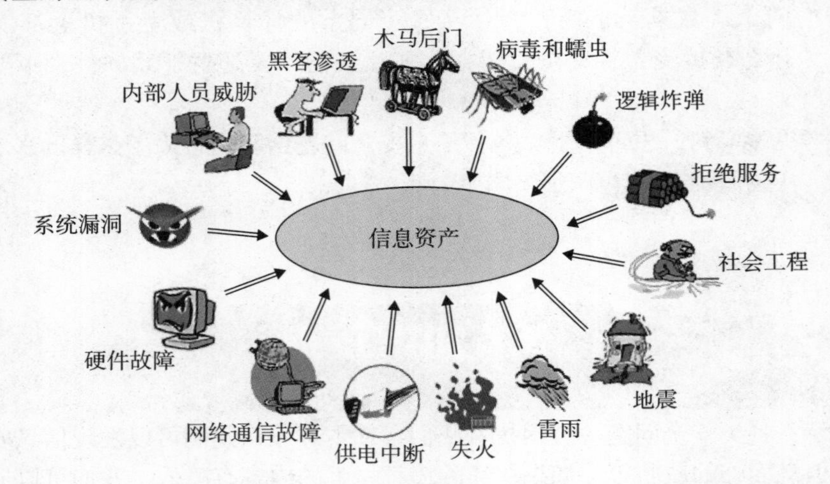

图 1－2　信息面临的安全威胁

（一）物理层安全

信息系统物理层安全风险主要包括以下方面：

（1）地震、水灾、火灾等环境事故造成设备损坏。

（2）电源故障造成设备断电以至操作系统引导失败或数据库信息丢失。

（3）设备被盗、被毁造成数据丢失或信息泄露。

（4）电磁辐射可能造成数据信息被窃取或偷阅。

（5）监控和报警系统的缺乏或者管理不善可能造成原本可以避免的事故。

（二）网络层安全

1. 数据传输风险分析

数据在传输过程中，线路搭载、链路窃听可能造成数据被截获、窃听、篡改和破坏，数据的机密性、完整性无法保证。

2. 网络边界风险分析

如果在网络边界上没有强有力的控制，则其外部黑客就可以随意出入企业总部及各个分支机构的网络系统，从而获取各种数据和信息，那么，信息泄露问题就无法避免。

3. 网络服务风险分析

一些信息平台运行 Web 服务、数据库服务等，如不加以防范，各种网络攻击可能对业务系统服务造成干扰、破坏，如最常见的拒绝服务攻击 DoS、DDoS。

（三）操作系统层安全

系统安全通常指操作系统的安全，操作系统的安装以正常工作为目标，在通常的参数、服务配置中，以及缺省地开放的端口中，存在很大的安全隐患和风险。

操作系统在设计和实现方面本身存在一定的安全隐患，无论是 Windows 还是 UNIX 操作系统，不能排除开发商留有后门（Back Door）。系统层的安全还包括数据库系统以及相关商用产品的安全漏洞。病毒也是操作系统层安全的主要威胁，病毒大多利用了操作系统本身的漏洞，通过网络迅速传播。

（四）应用层安全

（1）业务服务安全风险。

（2）数据库服务器安全风险。

（3）信息系统访问控制风险。

（五）管理层安全

管理层安全是网络中安全得到保证的重要组成部分，是防止来自内部网络入侵必需的部分。责权不明、管理混乱、安全管理制度不健全及缺乏可操作性等都可能影响管理层安全。

无论是从数据的安全性、业务服务的保障性还是从系统维护的规范性等角度，都需要对信息系统制定严格的安全管理制度，从业务服务的运营维护和更新升级等层面加强安全管理。

三、提高安全性

无论你现在使用哪种操作系统，总有一些通用的加强系统安全的建议可以参考。如果你想加固你的系统来阻止未经授权的访问和避免不幸灾难的发生，对于信息安全知识掌握较少的同学，以下预防措施肯定会对你有很大帮助。

（一）使用安全系数高的密码

提高安全性的最简单有效的方法之一就是使用一个不会轻易被暴力攻击猜到的密码。

什么是暴力攻击？攻击者使用一个自动化系统在一定范围内对所有可能的结果进行逐一排查，尽可能快地猜测密码。因此，安全系数高的密码应该包含以下两个特征：

（1）包含特殊字符和空格，同时使用大小写字母，避免使用从字典中能找到的单词，不要使用纯数字密码，这种密码破解起来比你使用母亲的名字或你的生日作为密码要困难得多。

（2）越长的密码破解越困难。你的密码长度每增加一位，就会以倍数级别增加被破解的难度。一般来说，小于 8 个字符的密码是很容易被破解的。可以用 10 个、12 个字符作为密码，16 个当然更好了。在不会因为过长而难于键入的情况下，让你的密码尽可能的长会更加安全。

密码可以设置成有规律的组合型，将英文和阿拉伯数字组合在一起，固定的部分不变，不一样的地方做出规律性的调整，这样的密码好记又安全。

（二）升级软件、打补丁

对系统进行补丁测试是至关重要的。如果很长时间没有进行安全升级，可能会导致你使用的计算机非常容易成为黑客的攻击目标。因此，不要把软件安装在长期没有进行安全补丁更新的计算机上。

同样的情况也适用于任何基于特征码的恶意软件保护工具，诸如防病毒应用程序，如果对它不进行及时更新，就不能得到当前的恶意软件特征定义，防护效果会大打折扣。

（三）关闭没有使用的服务、端口

多数情况下，很多计算机用户甚至不知道他们的系统上运行着哪些可以通过网络访问的服务，这是一个非常危险的情况。

Telnet 和 FTP 是两个常见的问题服务，如果你的计算机不需要运行它们，请立即关闭。确保了解在你的计算机上运行的每一个服务究竟是做什么的，并且知道它要运行的原因。

（四）通过备份保护数据

备份数据，这是保护自己在面临信息威胁时把损失降到最低的重要方法之一。备份数据既包括简单、基本的定期拷贝数据到 CD 上，也包括复杂的定期自动备份到一个服务器上。

（五）不要信任外部网络

在公共场合，如果是那种需要复杂密码才能连上的 Wi-Fi，可以比较放心地使用，反倒是什么都不需要，直接就可以连上的 Wi-Fi，才存在较大的安全隐患。饭馆和咖啡厅提供免费的 Wi-Fi，但这种 Wi-Fi 到底安不安全，确实很难辨别，在这种情况下上网，就需要多加注意。

因此，在公众场合使用免费 Wi-Fi 时，更多的是浏览一些信息，尽量避免一些涉及隐私和支付的操作，如果必须进行操作，一定要确保网络环境的安全。

练一练

单项选择题

信息资产面临的主要威胁来源包括（　　）。

A. 自然灾害

B. 系统故障

C. 内部人员操作失误

D. 以上都包括

【解析】本题正确答案为 D。

经过前面的学习，如果你能够了解信息安全面临的威胁，以及自己可以对计算机进行一定的安全设置，那么恭喜你，你已经较好地掌握了本部分的内容。请记得完成在线学习活动 1。

请你做好本部分知识的梳理总结，稍做休息，我们继续进行下一个知识点的学习。

知识点 2 信息与信息安全

学前思考 2：

我们在生活中时时刻刻都要注意信息安全，信息是什么？是姓名还是身份证号码？保护信息安全到底是保护谁的信息安全？

本节知识重点

学习提示：通过知识点 1 的学习，我们知道信息面临着种种威胁。接下来，我们将继续学习信息与信息安全，之后请大家观看视频《什么是信息安全：概念与特点》，以加深对该部分内容的理解，然后完成在线学习活动 2。

信息是一种消息，通常以文字或声音、图像的形式来表现，是数据按有意义的关联排列的结果。信息安全是指信息网络的硬件、软件及系统中的数据受到保护，不受偶然的或者恶意的攻击而遭到破坏、更改、泄露，系统连续、可靠、正常地运行，信息服务不中断。我们可以通过多方面的学习来加深对信息与信息安全的理解。

一、信息的定义

信息是事物及其属性标识的集合。信息是一种消息，通常以文字或声音、图像的形式来表现，是数据按有意义的关联排列的结果。信息由意义和符号组成，是指以声音、语言、文字、图像、动画、气味等方式所表示的实际内容。

信息是客观事物状态和运动特征的一种普遍形式，客观世界中大量地存在、产生和传递着以这些方式表示出来的各种各样的信息。在谈到信息的时候，就不可避免地涉及信息的安全问题。

二、信息的特征

信息具有很多特征，如普遍性、客观性、依附性、共享性、时效性、传递性等。下面通过对信息的一些主要特征的描述和讨论交流，来进一步认识和理解信息的概念。

（一）普遍性与客观性

在自然界和人类社会中，事物都是在不断发展和变化的，事物所表达出来的信息也是无所不在。因此，信息是普遍存在的。由于事物的发展和变化是不以人的主观意志为转移的，所以信息具有客观性。

（二）依附性

信息不是具体的事物，也不是某种物质，而是客观事物的一种属性。信息必须依附于某个客观事物（媒体）而存在。同一个信息可以借助不同的信息媒体表现出来，如文字、图形、图像、声音、影视和动画等。

（三）共享性

信息是一种资源，具有使用价值。信息传播的范围越广，使用信息的人越多，信息的价值和作用就越大。信息在复制、传递、共享的过程中，可以不断地产生副本。但是，信息本身并不会减少，也不会被消耗掉。

（四）时效性

随着事物的发展与变化，信息的可利用价值会相应地发生变化。随着时间的推移，信息可能会失去其使用价值，这时的信息就是无效的信息了。这就要求人们必须及时获取信息、利用信息，这样才能体现信息的价值。

（五）传递性

信息通过媒体的传播，可以实现空间上的传递。如我国载人航天飞船“神舟九号”与

“天宫一号”飞行器交会对接的现场直播，向全国及世界各地的人们展现了我国航天事业的发展进程，缩短了对接现场和电视观众之间的距离，实现了信息在空间上的传递。

信息通过存储媒体的保存，可以实现时间上的传递。如没能看到“神舟九号”与“天宫一号”空间交会对接现场直播的人，可以采用回放或重播的方式来收看。这就是利用了信息存储媒体的牢固性，实现了信息在时间上的传递。

三、信息安全

信息安全是指信息网络的硬件、软件及系统中的数据受到保护，不受偶然的或者恶意的攻击而遭到破坏、更改、泄露，系统连续、可靠、正常地运行，信息服务不中断。

信息安全主要包括五方面的内容，即保证信息的保密性、真实性、完整性、未授权拷贝和所寄生系统的安全性。信息安全本身包括的范围很广，其中包括如何防范商业企业机密泄露、青少年对不良信息的浏览、个人信息的泄露等。

信息安全学科可分为狭义与广义两个层次。狭义的信息安全建立在以密码论为基础的计算机安全领域；广义的信息安全是一门综合性学科，从传统的计算机安全到信息安全，不仅是名称的变更，也是对安全发展的延伸，安全不再是单纯的技术问题，而是将管理、技术、法律等相结合的产物。

四、网络安全

从本质上讲，网络安全就是网络上的信息安全，是指网络系统的硬件、软件和系统中的数据受到保护，不受偶然的或者恶意的攻击而遭到破坏、更改、泄露，系统连续、可靠、正常地运行，网络服务不中断。

从广义上讲，凡是涉及网络上信息的保密性、完整性、可用性、真实性和可控性的相关技术和理论，都是网络安全所要研究的领域。

网络安全由于不同的环境和应用而产生了不同的类型。主要类型有以下几种：

（1）系统安全。保证系统安全即保证信息处理和传输系统的安全。它侧重于保证系统正常运行，避免因为系统的损坏而对系统存储、处理和传输的消息造成破坏及损失；避免由于电磁泄漏产生信息泄露，干扰他人或受他人干扰。

（2）网络的安全。即网络上系统信息的安全。包括用户口令鉴别，用户存取权限控制，数据存取权限、方式控制，安全审计，计算机病毒防治，数据加密等。

（3）信息传播安全。网络上信息传播安全，即信息传播后果的安全，包括信息过滤等。它侧重于防止和控制由非法、有害的信息进行传播所产生的后果，避免公用网络上的信息失控。

（4）信息内容安全。即网络上信息内容的安全。它侧重于保护信息的保密性、真实性和完整性，避免攻击者利用系统的安全漏洞进行窃听、冒充、诈骗等有损于合法用户的行为，其本质是保护用户的利益和隐私。

五、信息安全的目标

所有的信息安全技术都是为了达到一定的安全目标，其核心包括保密性、完整性、可用性、真实性和不可否认性五个。

（1）保密性：保证机密信息不被窃听，或窃听者不能了解信息的真实含义。

（2）完整性：保证数据的一致性，防止数据被非法用户篡改。

（3）可用性：保证合法用户对信息和资源的使用不会被不正当地拒绝。

（4）真实性：对信息的来源进行判断，能对伪造来源的信息予以鉴别。

（5）不可否认性：建立有效的责任机制，防止用户否认其行为，这一点在电子商务中是极其重要的。

六、网络安全模型——PDRR 模型

PDRR（Protect Detect React Restore）模型中，安全的概念已经从信息安全扩展到了信息保障。信息保障的内涵已超出传统的信息安全保密，是保护（Protect）、检测（Detect）、反应（React）、恢复（Restore）的有机结合，如图 1－3 所示。

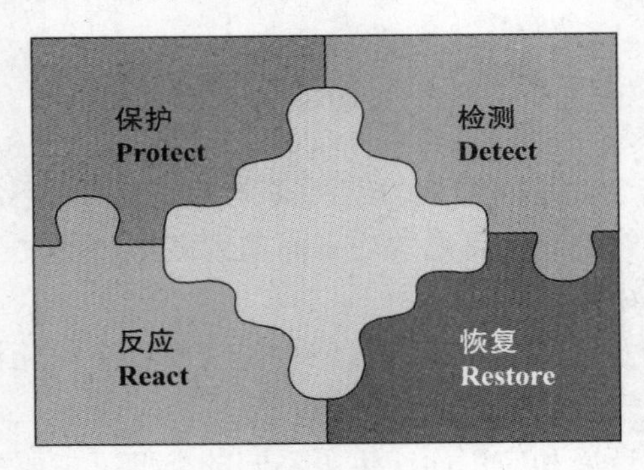

图 1－3　PDRR 模型

PDRR 模型把信息的安全保护作为基础，将保护视为活动过程，采用检测手段来发现安全漏洞，及时更正；同时采用应急响应措施对付各种入侵。在系统被入侵后，要采取相应的措施将系统恢复到正常状态，这样使信息的安全得到全方位的保障。该模型强调的是自动故障恢复能力。

现有的网络安全模型众多，不仅包括 PDRR 模型，还包括 PPDR（Policy Protection Detection Response）模型、PPDRR（Policy Protection Detection Response Restore）模型等。

练一练

单项选择题

PDRR 模型的要素不包括（　　）。

A. 保护　　B. 检测　　C. 预警　　D. 恢复

【解析】PDRR 模型是保护（Protect）、检测（Detect）、反应（React）、恢复（Restore）的结合，本题正确答案为 C。

经过前面的学习，如果你能够了解信息与信息安全的特征和定义，并了解 PDRR 模型，那么恭喜你，你已经较好地掌握了本部分的内容。请记得完成在线学习活动 2。

请你做好本部分知识的梳理总结，稍做休息，我们继续进行下一个知识点的学习。

知识点 3　信息安全的实现

学前思考 3：

即使我们在使用计算机的过程中加强防范，不随意下载内容、点击链接，但是仍然有信息安全的威胁。需要采用何种技术才能保证信息安全？请你们带着这个疑问，学习本知识点内容。

本节知识重点

学习提示：通过知识点 2 的学习，我们知道了信息与信息安全的概念和性质，也了解了存在多种信息安全模型，那么信息安全是如何实现的呢？我们需要怎样的技术？怎样进行管理？接下来，我们将学习信息安全的实现，之后请大家观看视频《什么是信息安全：实现》，加深对该部分内容的理解，然后完成在线学习活动 3。

信息安全的实现需要实施一定的信息安全策略。实现信息安全，不仅要靠信息安全技术，还要靠严格的信息安全管理、信息安全法律等来保障。

一、信息安全技术

先进的安全技术是网络安全的根本保证，常见的信息安全技术有：

（1）密码学。密码学是研究密码编制、密码破译和密钥管理的一门综合性应用学科。其中包含古典密码、对称密码、非对称密码、散列密码、数字签名等。

（2）网络安全协议。网络安全协议是营造网络安全环境的基础，是构建安全网络的关键技术。设计并保证网络安全协议的安全性和正确性能够从根本上保证网络安全，避免因网络安全等级不够而导致网络数据信息丢失或文件损坏等信息泄露问题。

（3）网络攻击技术。利用网络存在的漏洞和安全缺陷对网络系统的硬件、软件及系统中的数据进行攻击。

（4）入侵检测技术。入侵检测技术是为保证计算机系统的安全而设计与配置的一种能够及时发现并报告系统中未授权或异常现象的技术，是一种用于检测计算机网络中违反安全策略行为的技术。进行入侵检测的软件与硬件的组合便是入侵检测系统。

（5）访问控制技术。访问控制技术是指通过用户身份及其所归属的某项定义组来限制用户对某些信息项的访问，或限制对某些控制功能的使用的一种技术。它可以防止对任何资源进行未授权的访问，从而使计算机系统在合法的范围内使用。

（6）防火墙技术。防火墙指的是一个由软件和硬件设备组合而成、在内部网和外部网之间、专用网与公共网之间的界面上构造的保护屏障，是一种获取安全性方法的形象说法。

（7）VPN 技术。VPN 的英文全称是“Virtual Private Network”，翻译过来就是“虚拟专用网络”。VPN 被定义为通过一个公用网络（通常是因特网）建立一个临时的、安全的连接，是一条穿过混乱的公用网络的安全、稳定的隧道。

二、信息安全管理

信息安全管理体系（Information Security Management System，ISMS）是 1998 年前后从英国发展起来的信息安全领域中的一个新概念，是管理体系（Management System，MS）思想和方法在信息安全领域的应用。

ISMS 是建立和维持信息安全管理体系的标准，标准要求组织通过确定信息安全管理体系范围、制定信息安全方针、明确管理职责、以风险评估为基础选择控制目标与控制方式等活动建立信息安全管理体系；体系一旦建立，组织应按体系规定的要求进行运作，保持体系运作的有效性；信息安全管理体系应形成一定的文件，即组织应建立并保持一个文件化的信息安全管理体系，其中应阐述被保护的资产、组织风险管理的方法、控制目标及控制方式和需要的保证程度。

安全领域中有句话叫“三分技术，七分管理”，信息安全管理从某种意义上比其他管理更加重要，严格的管理制度、明确的部门划分、合理的人员角色定义都可以在很大程度上弥补其他层次的安全问题。

三、信息安全法律

信息安全法律狭义上是指维护信息安全，预防信息犯罪的刑事法律规范的总称，仅指保障信息安全、惩治信息犯罪的刑事法律。

广义的信息安全法律的调整对象涉及信息安全的方方面面，其优势在于对信息安全进行全方位的观察和阐述。信息安全法律的调整范围应当包括网络信息安全应急保障关系、信息共享分析和预警关系、政府机构信息安全管理、通信运营机构的安全监管、ISP（入侵防御系统）的安全监管、ICP（网络内容服务商，含大型商业机构）的安全监管、家庭用户及商业企业用户的安全责任、网络与信息安全技术进出口监管、网络与信息安全标准和指南以及评估监管、网络与信息安全研究规划、网络与信息安全培训管理、网络与信息安全监控等方面。

练一练

单项选择题

信息安全的实现需要（　　）。

A. 信息安全技术

B. 信息安全管理

C. 信息安全法律

D. 以上都包括

【解析】本题正确答案为 D。

经过前面的学习，如果你能够了解信息安全的实现需要信息安全技术、信息安全管理、信息安全法律三个方面来保障，那么恭喜你，你已经较好地掌握了本部分的内容。请记得完成在线学习活动 3。

请你做好本部分知识的梳理总结，稍做休息，我们继续进行下一个知识点的学习。

知识点 4 信息安全的发展与现状

学前思考 4：

距离信息安全被提及已经过了百余年，信息安全的侧重点和控制方式是一成不变的吗？

请你参考更多的资料，思考一下，现今信息安全的侧重点与控制方式与过去有何不同。

本节知识重点

学习提示：通过知识点 3 的学习，我们知道信息安全的实现需要信息安全技术、信息安全管理、信息安全法律三个方面来保障。随着时间的推移、技术的变化，信息安全的侧重点和控制方式是一成不变的吗？接下来，我们学习信息安全的发展与现状，之后请大家观看视频《前沿：信息安全的发展》，加深对该部分内容的理解，然后完成在线学习活动 4。

我们将根据技术的发展介绍信息安全的发展过程，以及信息安全的发展现状。

一、信息安全的发展过程

信息安全发展大致经历了三个阶段，即通信安全阶段、信息安全阶段、信息保障阶段。

（一）第一阶段——通信安全

早在20世纪初，通信技术还不发达，人们主要是靠电话、电报、传真等进行信息传递，存在安全问题主要是在信息交换阶段，信息的保密性对于人们来说是十分重要的，因此，对安全理论和技术的研究只侧重于密码学。这一阶段的信息安全可以简单地称为通信安全，即第一阶段。

（二）第二阶段——信息安全

20世纪60年代后，半导体和集成电路技术得到了飞速发展，这些技术的飞速发展推动了计算机软硬件的发展，单纯靠复杂的密码已经无法满足保密的要求，而且计算机和网络技术的应用进入了实用化和规模化阶段，人们对安全的关注已经逐渐扩展为以保密性、完整性和可用性为目标的信息安全阶段，即第二阶段。

（三）第三阶段——信息保障

从20世纪80年代开始，由于互联网技术的飞速发展，无论是对内还是对外，信息都得到极大开放，而由互联网产生的信息安全问题跨越了时间和空间，比如你计算机里的个人信息可能被处在地球另一端的人所窃取，因此信息安全的焦点已经不仅仅是传统的保密性、完整性和可用性了，由此衍生出诸如可控性、抗抵赖性、真实性等其他原则和目标，信息安全也转化为从整体角度考虑其体系建设的信息保障阶段，也就是第三阶段。

二、信息安全的发展现状

（一）国外信息安全发展现状

信息化发展比较好的发达国家，特别是美国，非常重视国家信息安全的管理工作。美、日、俄等国家都已经或正在制订自己的信息安全发展战略和发展计划，确保信息安全沿着正确的方向发展。美国信息安全管理的最高权力机构是美国国土安全部，分担信息安全管理和执行的机构有美国国家安全局、美国联邦调查局、美国国防部等，主要是根据相应的方针和政策结合自己部门的情况实施信息安全保障工作。2000年初，美国出台了计算机空间安全计划，旨在加强关键基础设施、计算机系统网络免受威胁的防御能力。2000年7月，日本信息技术战略本部及信息安全会议拟定了信息安全指导方针。2000年9月，俄罗斯批准了《国家信息安全构想》，明确了保护信息安全的措施。

美、日、俄均以法律的形式规定和规范信息安全工作，为有效实施安全措施提供了有力保证。2000年10月，美国的电子签名法案正式生效，当日美参议院通过了《互联网网络完备性及关键设备保护法案》。日本于2000年6月公布了旨在对付黑客的《信息通信网络安全可靠性标准》的补充修改方案。2000年9月，俄罗斯实施了关于网络信息安全的法律。

国际信息安全管理已步入标准化与系统化管理时代。在20世纪90年代之前，保障信息安全主要依靠安全技术手段与不成体系的管理规章来实现。随着ISO9000质量管理体系标准的出现及随后在全世界的推广应用，系统管理的思想在其他领域被借鉴与采用，信息安全管理在20世纪90年代步入了标准化与系统化的管理时代。1995年，英国率先推出了BS7799信息安全管理标准，该标准于2000年被国际标准化组织认可为国际标准ISO/IEC 17799。现在该标准已引起许多国家与地区的重视，在一些国家已经被推广与应用。组织贯彻实施该标准可以对信息安全风险进行安全系统的管理，从而实现组织信息安全。其他国家及组织也提出了很多与信息安全管理相关的标准。

（二）网络安全法

党的十八大以来，国家网络安全保障体系不断健全，网络安全能力和水平大幅提升，并取得显著成绩：以《中华人民共和国网络安全法》为核心的法律政策框架基本形成；全社会网络安全意识明显提升，人才建设取得突破性进展；关键信息基础设施防护能力持续增强，网络安全技术产业快速发展；互联网治理全面加强，网络空间文明有序。

《中华人民共和国网络安全法》由全国人民代表大会常务委员会于2016年11月7日发布，自2017年6月1日起施行。该法是我国第一部全面规范网络空间安全管理方面问题的基础性法律，是我国网络空间法治建设的重要里程碑，是依法治网、化解网络风险的法律重器，是让互联网在法治轨道上健康运行的重要保障。该法将近年来一些成熟的好做法制度化，并对将来可能的制度创新进行了原则性规定，为网络安全工作提供切实法律保障。

（三）国家网络安全宣传周

"国家网络安全宣传周"是为了"共建网络安全，共享网络文明"而开展的主题活动，围绕金融、电信、电子政务、电子商务等重点领域和行业网络安全问题，针对社会公众关注的热点问题，举办网络安全体验展等系列主题宣传活动，营造网络安全人人有责、人人参与的良好氛围。

从2014年开始，在全国范围统一举办"国家网络安全宣传周"，以通俗易懂、人民群众喜闻乐见的形式，开展网络安全进社区、进校园、进企业、进家庭等活动，增强广大网民的网络安全意识，提升基本防护技能，在全社会形成人人学安全、懂安全、重安全的良好氛围。

正如习近平总书记所指出的，"没有网络安全就没有国家安全"。今天的互联网，已经被国际社会确立为继"陆海空天"之后的第五空间，网络安全治理成为国家安全治理的一个重要领域。正因为如此，习近平总书记突出强调要"维护网络安全"，"共同构建和平、安全、开放、合作的网络空间，建立多边、民主、透明的国际互联网治理体系"。与此同时，中国正在积极推进网络建设，让互联网发展成果惠及13亿中国人民。要实现这一目标，就必须加强网络安全建设，构筑网络安全防线。

练一练

单项选择题

信息安全的发展大致经历了三个阶段，目前处于（　　）阶段。

A. 通信安全　　B. 信息保障　　C. 计算机安全　　D. 网络安全

【**解析**】信息安全发展大致经历了三个阶段，即通信安全阶段、信息安全阶段、信息保障阶段。本题正确答案为 B。

学完上述内容以后，大家应该知道信息安全存在于我们的生活中，面对信息安全威胁，我们可以采用多种方法去解决。在本部分中，如果你能够了解随着技术的不断发展，信息安全的侧重点在不断变化，信息安全的威胁也在变化，那么恭喜你，你已经掌握了本部分的知识。请认真完成在线学习活动 4，它将有助于你更好地巩固本部分的相关内容。

到这里，本单元的学习之旅就告一段落了，请大家认真欣赏沿途的风景，并记得按时完成本单元的作业，然后上传至网络平台中的“本单元作业”处。

拓展阅读

1. 周学广，张焕国，张少武 . 信息安全学 . 北京：机械工业出版社，2008.
2. 薛丽敏，陆幼骊，罗隽 . 信息安全理论与技术 . 北京：国防工业出版社，2014.
3. 朱雪龙 . 应用信息论基础 . 北京：清华大学出版社，2001.

单元小结

本单元主要讲述了信息安全的概念、信息安全的实现、信息安全的发展与现状。学完本单元，学生应该能够认识到信息安全存在于我们的生活中，面对信息安全威胁，我们可以采用多种方法去解决，而且随着技术的不断发展，信息安全的侧重点在不断变化，信息安全的威胁也在变化。

以上就是本单元的全部内容，感谢大家的努力，继续保持，加油！

第二单元

计算机病毒

Unit

学习导引

同学们好！欢迎你们来到“网络安全与管理”课程的课堂。这门课程将带领我们更好地了解信息安全，了解信息安全给我们带来的影响，以及通过各种手段来解决各类信息安全问题。2006年12月大规模爆发的“熊猫烧香”病毒，造成的危害堪称严重：据统计，全国有上百万台计算机感染该病毒，数以千计的企业受到侵害……计算机病毒是什么？我们应该如何防范？

在本单元，我们将共同学习何为计算机病毒、计算机病毒的种类以及如何防治计算机病毒等内容。学完之后，相信你对计算机病毒会有一个全新的认识，对网络安全和计算机安全有新的理解。

在本单元的学习之旅中，需要你们认真学习本单元的内容，观看教学视频，完成在线学习活动以及作业。只有按照要求完成上述所有环节的内容，你才算完成了本单元的学习任务。

学习目标

学完本单元内容之后，你将能够：

（1）了解什么是计算机病毒；

（2）阐释计算机病毒的种类；

（3）举例说明杀毒软件的常用查杀原理；

（4）清除计算机病毒和恶意软件。

接下来，让我们一步步深入理解本单元的学习内容吧。首先，我们来熟悉一下本单元内容的整体框架。

知识结构图

图 2－1 是本单元的整体框架以及学习这部分内容的思维过程规划。此图可以帮助大家从整体上了解本单元的知识结构和学习路径，包括计算机病毒概述、典型病毒分析与清除、恶意软件分析与清除。请大家仔细品读和理解，建立对本部分知识的整体印象。

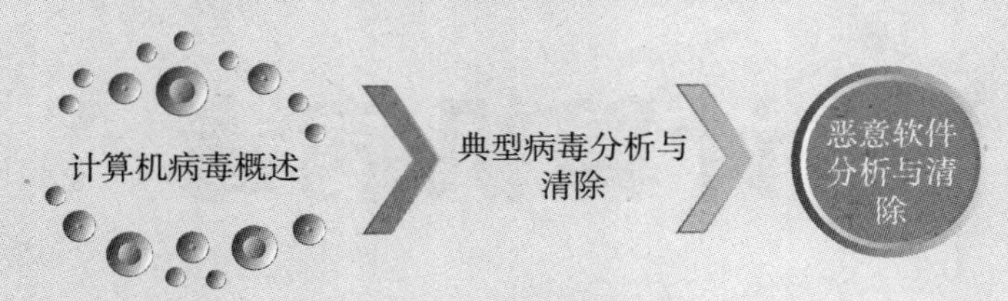

图 2－1　本单元知识结构图

看完上面的知识结构图后，大家是否已经对本单元所要学的内容以及如何学习这些内容有一个初步的整体印象了呢？接下来，我们在这个整体框架的指引下逐一学习每个知识点。我们要在理解计算机病毒种类、病毒的特点及杀毒软件的原理的基础上，重点学习如何防治计算机病毒以及维护计算机安全。结合生活经验和对相关问题的认识，将理论与现实相结合。

知识点 1 计算机病毒概述

学前思考 1：

很多时候，大家已经用杀毒软件查出了自己的计算机中了病毒，例如查出了 Backdoor.RmtBomb.12、Trojan.Win32.SendIP.15 等这些带一串英文和数字的病毒名，有些人就懵了，这些是什么东西？会对计算机产生什么影响？

请你参考更多资料，思考一下，计算机病毒给我们带来了什么影响。

你想好了吗？让我们带着问题学习以下内容吧。

本节知识重点

学习提示：计算机病毒会破坏计算机功能或者数据，能影响计算机的使用。在本部分中，我们需要重点关注计算机病毒的概念、特点、杀毒软件等。如果单纯阅读教材上的内容有障碍，我们还可以通过观看视频《计算机病毒特点与杀毒软件》来加深理解，然后完成在线学习活动 5。接下来，让我们一起认真学习计算机病毒的相关内容。

一、计算机病毒的概念

计算机病毒（Computer Virus）是编制者在计算机程序中插入的破坏计算机功能或者数据，能影响计算机使用，能自我复制的一组计算机指令或者程序代码。

计算机病毒是一个程序，一段可执行代码，就像生物病毒一样，具有自我繁殖、互相传染以及激活再生等生物病毒特征。计算机病毒有独特的复制能力，它们能够快速蔓延，又常常难以根除。它们能把自身附着在各种类型的文件上，当文件被复制或从一个用户传送到另一个用户时，它们就随同文件一起蔓延开来。

计算机病毒与医学上的病毒不同，计算机病毒不是天然存在的，是人们利用计算机软件和硬件所固有的脆弱性而编制的一组指令集或程序代码。它能潜伏在计算机的存储介质（或程序）里，条件满足时即被激活，通过修改其他程序的方法将自己精确拷贝或者以可能演化的形式放入其他程序中，从而感染其他程序，对计算机资源进行破坏。计算机病毒是人为制造的，对计算机用户的危害性很大。

二、计算机病毒的发展

第一份关于计算机病毒理论的学术工作（“病毒”一词当时并未使用）于 1949 年由约翰·冯·诺伊曼完成。他以“Theory and Organization of Complicated Automata”为题在伊利诺伊大学演讲，后改以“Theory of Self-reproducing Automata”为题出版。约翰·冯·诺伊曼在他的论文中描述了一个计算机程序如何复制其自身。

1980 年，Jürgen Kraus 于多特蒙德大学撰写他的学位论文“Self-reproduction of Programs”。论文中假设计算机程序可以表现出如同病毒般的行为。

1983 年 11 月，在一次国际计算机安全学术会议上，美国学者科恩第一次明确提出计算机病毒的概念，并进行了演示。

1987 年，第一个计算机病毒 C-BRAIN 诞生。由巴基斯坦兄弟巴斯特（Basit）和阿姆捷特（Amjad）编写。此时的计算机病毒主要是引导型病毒，具有代表性的是“小球”和“石头”病毒。

1988 年，中国最早的计算机病毒在财政部的计算机上被发现。

1989 年，引导型病毒发展为可以感染硬盘的计算机病毒，典型的代表有“石头 2”。

1990 年，计算机病毒发展为复合型病毒，可感染 com 和 exe 文件。

1992 年，计算机病毒利用 DOS 加载文件的优先顺序进行工作，具有代表性的是“金蝉”病毒。

1995 年，当生成器的生成结果为病毒时，产生了复杂的“病毒生成器”，幽灵病毒流行中国。典型病毒代表是“病毒制造机”“VCL”。

1998 年，台湾大同工学院学生陈盈豪编制了 CIH 病毒。

2000 年，最具破坏力的十种病毒分别是 Kakworm、爱虫、Apology-B、Marker、Pretty、Stages-A、Navidad、Ska-Happy99、WM97/Thus、XM97/Jin。

2003 年，我国发作最多的十种病毒分别是红色结束符、爱情后门、FUNLOVE、QQ 传送者、冲击波杀手、罗拉、求职信、尼姆达 II、QQ 木马、CIH。

2005 年 1 月到 10 月，金山反病毒监测中心共截获或监测到的病毒达到 50 179 个，其中木马、蠕虫、黑客病毒占其中的 91%，以盗取用户有价账号的木马病毒（如网银、QQ、网游）为主，达 2 000 多种。

2007 年 1 月，计算机病毒累计感染了中国 80% 的用户，其中 78% 以上的病毒为木马、后门病毒。“熊猫烧香”肆虐全球。

2010 年，越南拥有计算机的数量已达 500 万台，其中 93% 感染过病毒，共损失 59 000 万亿越南盾。

2017 年 5 月，一种名为“想哭”的勒索病毒席卷全球，在短短一周时间里，上百个国家和地区受到影响。据美国有线新闻网报道，截至 2017 年 5 月 15 日，大约有 150 个国家受到影响，至少 30 万台计算机被病毒感染。

三、计算机病毒的分类

计算机病毒种类繁多且复杂，按照不同的方式以及计算机病毒的特点，可以有多种不同的分类方法。同时，根据不同的分类方法，同一种计算机病毒也可能属于不同的病毒种类。

（一）按破坏性分类

按破坏性大小，计算机病毒可分为良性病毒、恶性病毒、极恶性病毒、灾难性病毒。

（二）按传染方式分类

引导区型病毒主要通过软盘在操作系统中传播，感染引导区，蔓延到硬盘，并能感染硬盘中的“主引导记录”。

文件型病毒是文件感染者，也称为寄生病毒。它在计算机存储器中运行，通常感染扩展名为 com、exe、sys 等类型的文件。

混合型病毒具有引导区型病毒和文件型病毒两者的特点。

宏病毒是指用 BASIC 语言编写的病毒程序寄存在 Office 文档上的宏代码。宏病毒影响对文档的各种操作。

（三）按连接方式分类

源码型病毒攻击高级语言编写的源程序，在源程序编译之前插入其中，并随源程序一起编译、连接成可执行文件。源码型病毒较为少见，亦难以编写。

入侵型病毒可用自身代替正常程序中的部分模块或堆栈区。这类病毒只攻击某些特定程序，针对性强。一般情况下难以被发现，清除起来也较困难。

操作系统型病毒可用其自身部分加入或替代操作系统的部分功能。因其直接感染操作系统，故这类病毒的危害性较大。

外壳型病毒通常将自身附着在正常程序的开头或结尾，相当于给正常程序加了个外壳。大部分的文件型病毒都属于这一类。

四、计算机病毒的特点

（一）繁殖性

计算机病毒可以像生物病毒一样进行繁殖，当正常程序运行时，它也进行自身复制，是否具有繁殖、感染的特征是判断某段程序为计算机病毒的首要条件。

（二）破坏性

计算机中毒后，可能会导致正常的程序无法运行，把计算机内的文件删除或使文件受到不同程度的损坏。若破坏了引导扇区及 BIOS，则硬件环境被破坏。

（三）传染性

计算机病毒的传染性是指计算机病毒通过修改别的程序将自身的复制品或其变体传染给其他无毒的对象，这些对象可以是一个程序，也可以是系统中的某一个部件。

（四）潜伏性

计算机病毒的潜伏性是指计算机病毒可以依附于其他媒体寄生的能力，侵入后的病毒潜伏到条件成熟时才发作，会使计算机变慢。

（五）隐蔽性

计算机病毒具有很强的隐蔽性，可以通过病毒软件检查出来少数。计算机病毒时隐时现、变化无常，处理起来非常困难。

（六）可触发性

编制计算机病毒的人，一般都为病毒程序设定了一些触发条件，例如，系统时钟的某个时间或日期、系统运行了某些程序等。一旦条件满足，计算机病毒就会发作，使系统遭到破坏。

五、计算机病毒的命名方式

世界上有那么多的计算机病毒，反病毒公司为了方便管理，会按照病毒的特性将病毒进行分类命名。虽然每个反病毒公司的命名规则都不太一样，但大体都是采用一个统一的命名方法来命名的。

一般格式为：<病毒前缀>.<病毒名>.<病毒后缀>。

病毒前缀是指一个病毒的种类，是用来区别病毒的种族分类的。不同种类的病毒，其前缀是不同的。比如常见的木马病毒的前缀为 Trojan，蠕虫病毒的前缀是 Worm 等。

病毒名是指一个病毒的家族特征，是用来区别和标识病毒家族的。如著名的 CIH 病毒的家族名都是统一的“CIH”，再如振荡波蠕虫病毒的家族名是“ Sasser ”。

病毒后缀是指一个病毒的变种特征，是用来区别某个具体家族病毒的某个变种的。一般都采用英文中的 26 个字母来表示，如 Worm.Sasser.B 就是指振荡波蠕虫病毒的变种 B，因此一般称为“振荡波 B 变种”或者“振荡波变种 B”。如果该病毒变种非常多（也表明该病毒生命力顽强），可以采用数字与字母混合表示变种标识。

综上所述，一个病毒的前缀对于快速地判断该病毒属于哪种类型是有非常大的帮助的。通过判断病毒的类型，可以对这个病毒有个大概的评估（当然，这需要积累一些常见病毒类型的相关知识，这不在本文讨论范围内）。而通过病毒名，可以利用查找资料等方式进一步了解该病毒的详细特征。通过病毒后缀，能知道现在在你的计算机里存在的病毒是哪个变种。

下面介绍一些常见的病毒前缀的解释（针对用得最多的 Windows 操作系统）。

（一）系统病毒

系统病毒的前缀为 Win32、PE、Win95、W32、W95 等。这些病毒的一般公有特性是可以感染 Windows 操作系统的 exe 和 dll 文件，并通过这些文件进行传播。如 CIH 病毒。

（二）蠕虫病毒

蠕虫病毒的前缀是 Worm。这种病毒的公有特性是通过网络或者系统漏洞进行传播，很大部分的蠕虫病毒都有向外发送带毒邮件、阻塞网络的特性。比如“冲击波”（阻塞网络）、“小邮差”（发带毒邮件）等。

（三）木马病毒、黑客病毒

木马病毒的前缀是 Trojan，黑客病毒的前缀一般为 Hack。木马病毒的公有特性是通过网络或者系统漏洞进入用户的系统并隐藏，然后向外界泄露用户的信息，而黑客病毒则有一个可视的界面，能对用户的计算机进行远程控制。木马、黑客病毒往往是成对出现的，即木马病毒负责侵入用户的计算机，而黑客病毒则会通过该木马病毒来进行控制。现在这两种类型的病毒越来越趋向于整合了。一般的木马病毒如 Trojan.QQ3344，还有大家可能遇见比较多的针对网络游戏的木马病毒 Trojan.LMir.PSW.60。这里补充一点，病毒名中有 PSW 一般都表示这个病毒有盗取密码的功能（这些字母一般都为“密码”的英文“Password”的缩写）。

（四）脚本病毒

脚本病毒的前缀是 Script。脚本病毒的公有特性是使用脚本语言编写，通过网页进行传播，如红色代码（Script.Redlof）。脚本病毒还会有 VBS、JS（表明是何种脚本编写的）等前缀，如“欢乐时光”（VBS.Happytime）、“十四日”（JS.Fortnight.c.s）等。

（五）宏病毒

宏病毒也是脚本病毒的一种，由于它的特殊性，因此在这里单独算成一类。宏病毒的前缀是 Macro，第二前缀是 Word97、Word、Excel97、Excel（也许还有别的）其中之一。

凡是只感染 Word97 及以前版本 Word 文档的病毒，采用 Word97 作为第二前缀，格式是：Macro.Word97。

凡是只感染 Word97 以后版本 Word 文档的病毒，采用 Word 作为第二前缀，格式是：Macro.Word。

凡是只感染 Excel97 及以前版本 Excel 文档的病毒，采用 Excel97 作为第二前缀，格式是：Macro.Excel97。

凡是只感染 Excel97 以后版本 Excel 文档的病毒，采用 Excel 作为第二前缀，格式是：Macro.Excel，依此类推。

该类病毒的公有特性是能感染 Office 系列文档，然后通过 Office 通用模板进行传播，如著名的“美丽莎”（Macro.Melissa）。

（六）后门病毒

后门病毒的前缀是 Backdoor。该类病毒的公有特性是通过网络传播，给系统开后门，给用户的计算机带来安全隐患。如 Backdoor.IRCBot。

（七）病毒种植程序病毒

这类病毒的公有特性是运行时会从体内释放出一个或几个新的病毒到系统目录下，由释放出来的新病毒进行破坏。如冰河播种者（Dropper.BingHe2.2C）、MSN 射手 (Dropper.Worm.Smibag) 等。

（八）破坏性程序病毒

破坏性程序病毒的前缀是 Harm。这类病毒的公有特性是通过本身具有的好看图标来诱惑用户点击，当用户点击这类病毒时，病毒便会直接对用户计算机进行破坏。如格式化 C 盘（Harm.FormatC.f）、杀手命令（Harm.Command.Killer）等。

（九）玩笑病毒

玩笑病毒的前缀是 Joke，也称恶作剧病毒。这类病毒的公有特性是通过本身具有的好看图标来诱惑用户点击，当用户点击这类病毒时，病毒会做出各种破坏操作来吓唬用户，其实病毒并没有对用户计算机进行任何破坏。如女鬼病毒（Joke.Girlghost）。

（十）捆绑机病毒

捆绑机病毒的前缀是 Binder。这类病毒的公有特性是病毒编制者会使用特定的捆绑程序将病毒与一些应用程序如 QQ、IE 捆绑起来，表面上看是一个正常的文件，当用户运行这些捆绑病毒的应用程序时，会运行捆绑在一起的病毒，从而给用户造成危害。如捆绑 QQ（Binder.QQPass.QQBin）、系统杀手（Binder.Killsys）等。

以上为比较常见的病毒前缀，有时候还会看到一些其他的类型，但比较少见，例如：

DOS：会针对某台主机或者服务器进行 DOS 攻击。

Exploit：会自动通过溢出对方或者自己的系统漏洞来传播自身，或者其本身就是一个用于攻击的溢出工具。

HackTool：黑客工具，也许本身并不破坏用户的计算机，但是会被别人加以利用，以用户的计算机做替身去破坏别人的计算机。

你可以在查出某个病毒以后，通过以上所说的方法来初步判断所中病毒的基本情况，达到知己知彼的目的。当无法自动查杀，打算采用手工方式查杀的时候，这些信息会给你很大的帮助。

六、杀毒软件

学习了上面这么多种类型的计算机病毒，我们可以大致了解到，其实计算机病毒就是能够通过某种途径潜伏在计算机存储介质（或程序）里，通俗的理解就是藏在计算机的硬盘和内存中，当达到某种条件时即被激活的具有对计算机资源进行破坏作用的一组程序或指令集合（其实就是一段代码集合）。

既然我们知道计算机病毒对我们的计算机有破坏性的危害，那么怎么防治呢？其实方法相当简单——使用杀毒软件。我们计算机里安装的 360 安全卫士、QQ 电脑管家或者金山毒霸，它们都是杀毒软件。

杀毒软件是根据什么来进行病毒判断并查杀的呢？在讲这个问题之前，首先要弄清楚杀毒软件检测病毒的方法。在与病毒的对抗中，及早发现病毒很重要，早发现，早处理，可以减少损失。这些杀毒软件依据的原理不同，实现时所需开销不同，检测范围不同，各有所长。常用的杀毒软件的查杀原理有特征码法、校验和法、行为监测法和软件模拟法，我们详细介绍前两种。

（一）特征码法

特征码法被早期应用于 SCAN、CPAV 等著名病毒检测工具中。国外专家认为特征码法是检测已知病毒的最简单、开销最小的方法。

采用特征码法的要求如下：

（1）抽取的代码比较特殊，不大可能与普通正常程序代码吻合。

（2）抽取的代码长度适当，一方面维持特征码的唯一性，另一方面不要占用太多的空间与时间。如果一种病毒的特征码增加一个字节，要检测 3 000 种病毒，增加的空间就是 3 000 字节。在保持唯一性的前提下，尽量使特征码长度短些。

杀毒软件在扫描文件的时候，在文件中搜索是否含有病毒数据库中的病毒特征码。如果发现病毒特征码，由于特征码与病毒一一对应，便可以断定其为病毒。这里的特征码分为两个部分，第一部分是特征码位置；第二部分是狭义上的特征码。

杀毒软件运用特征码扫描确定某文件为病毒时，这个文件需要满足两个条件：

（1）该文件中的某一位置与杀毒软件病毒库的某一位置相对应。

（2）该位置上存放的代码与病毒库中定义的该位置上的代码相同。

特征码的特点包括：

第一，速度慢。随着病毒种类的增多，检索时间变长。如果检索 5 000 种病毒，必须对 5 000 个病毒特征码逐一检查。如果病毒种类在增加，检索病毒的时间和开销就变得十分可观。

第二，误报率低。

第三，不能检查多态性病毒。使用特征码法是不可能检测多态性病毒的。国外专家认为，多态性病毒是病毒特征码法的“索命者”。

第四，不能对付隐藏性病毒。隐藏性病毒如果先于检测工具运行的时间进驻内存，在被检测工具扫描前已经将被查文件中的病毒代码剥去，检测工具运行时便是在检查一个虚假的“好文件”，因而不会报警，会被隐藏性病毒所蒙骗。

（二）校验和法

对正常文件的内容计算其校验和，将该校验和写入文件中或写入别的文件中保存，在文件使用过程中，定期或不定期地检查根据文件当前内容计算出的校验和与原来保存的校验和是否一致，由此得出文件是否被感染的结论，这种方法叫校验和法，它既可发现已知病毒又可发现未知病毒。在 SCAN 和 CPAV 工具的后期版本中，除了特征码法之外，还纳入校验和法，以提高其检测能力。

运用校验和法检测病毒采用三种方式：

（1）在检测病毒工具中纳入校验和法，对被查的对象文件计算其正常状态的校验和，将校验和值写入被查文件中或检测工具中，而后进行比较。

（2）在应用程序中，放入校验和法自我检查功能，将文件正常状态的校验和写入文件本身中，每当应用程序启动时，比较现校验和值与原校验和值，实现应用程序的自检测。

（3）将校验和检查程序常驻内存，每当应用程序开始运行时，自动比较检查应用程序内部或别的文件中预先保存的校验和。

校验和法的特点包括：方法简单，能发现未知病毒，即使被查文件有细微变化也能被发现。但该方法会发布通行记录正常态的校验和、误报警、不能识别病毒名称、不能对付隐蔽性病毒。

上述两种病毒查杀方法各有千秋，可简单总结如下：

特征码法：误报低，可杀毒，需更新，无法发现未知病毒。

校验和法：可发现未知病毒，误报高。

学完上面的内容后，你是否对病毒的概念、特点以及杀毒软件有了一个清晰的认识呢？

练一练

单项选择题

计算机病毒是（　　）。

A. 被损坏的程序

B. 硬件故障

C. 一段特制的程序

D. 芯片霉变

【解析】计算机病毒是一段特制的程序。本题正确答案为 C。

经过前面的学习，如果你能复述或者用自己的语言来回答计算机病毒的概念以及如何清除病毒，那么恭喜你，你已经较好地掌握了本部分的内容。请记得完成在线学习活动 5。

请你做好本部分知识的梳理总结，稍做休息，我们继续进行下一个知识点的学习。

知识点 2　典型病毒分析与清除

学前思考 2：

计算机病毒为什么会对我们造成危害？当我们面对病毒的时候，应该怎么办？对于这些疑问，你能够给出一些答案吗？

本节知识重点

学习提示：通过知识点 1 的学习，我们知道了计算机病毒的概念、特点、危害等，那么我们该如何清除这些病毒呢？接下来，我们将继续学习计算机典型病毒的知识，之后请大家观看视频《案例分析：典型病毒与清除》，加深对该部分内容的理解，然后完成在线学习活动 6。

2017 年爆发的 Windows 勒索病毒让全球计算机用户都闻风丧胆，宽带和 Wi-Fi 的普及，是促成勒索病毒得以广泛传播的最大因素之一。勒索病毒传遍了 100 多个国家，虽然仅仅收获了 5 万美金，却给世界信息安全带来了不小的冲击。

一、Windows 勒索病毒

从 2017 年 5 月 12 日起，Windows 勒索病毒（见图 2－2）就开始在全球范围传播，从病毒模式来看，主要是 ONION、WNCRY 这两类敲诈者病毒的变种。这次病毒爆发之剧烈、应用范围之广都是近年来比较少见的，大量个人和企业、机构用户中招。

既然 Windows 勒索病毒主要是 ONION、WNCRY 的变种，那为什么没有任何征兆呢？这两种病毒以前也不是非常凶猛。事实上，这次 Windows 勒索病毒与以往病毒不同的是，新变种病毒添加了 NSA（美国国家安全局）黑客工具包中的“永恒之蓝”0day 漏洞利用，通过 445 端口（文件共享）在内网进行蠕虫式感染传播。

这次中招的用户主要集中在校园网和企业用户上，为什么呢？因为这些用户都不会及时安装安全软件或及时更新系统补丁。相对而言，个人用户如果及时更新杀毒软件，或者及时更新微软的补丁，中毒的可能性就不大。

从效果而言，如果用户一旦感染该蠕虫病毒变种，系统重要资料文件就会被加密，黑客会向用户勒索高额的比特币赎金，折合人民币 2 000 ~ 50 000 元不等。

图 2－2　Windows 勒索病毒示例

用户应该加强安全措施，预防这类病毒，具体方法包括：

（1）安装最新的杀毒软件。目前，微软的 Windows Defender 以及国内大多数杀毒软件，包括金山毒霸、360 安全卫士等，都已经更新了最新的病毒库，所以在平时打开杀毒软件的防御功能是很有必要的。

（2）更新微软最新的系统补丁。安全补丁中有专门针对“永恒之蓝”的漏洞补救，虽然不是完全防得住 Windows 勒索病毒，但是至少不会轻易中招。这一方案支持目前所有的 Windows 主流系统，包括从 Windows XP 到 Windows 10。

（3）Windows XP、Windows Server 2003 系统用户可以关闭 445 端口，规避遭遇此次敲诈者蠕虫病毒的感染攻击。微软之外的系统用户不用担心，目前没有安卓、Linux 以及 Mac OS 的系统感染报告。

（4）谨慎打开不明来源的网址和邮件，打开 Office 文档的时候禁用宏开启，防止网络挂马和邮件中毒。此外，养成良好的备份习惯，及时使用网盘或移动硬盘备份个人重要文件。

最后要说的是，如果已经中毒，需要重新找回自己的资料，那么应先杀毒，再使用数据恢复软件。如果硬盘没有被大规模地进行读写操作，那么还是有一定概率找回自己的资料的。

二、CIH 病毒（1998 年 6 月）

如果谈到破坏力的话，CIH 病毒可能是当之无愧的第一名，在计算机病毒史上也可算是“名留青史”了。CIH 病毒最厉害的地方在于，它能够直接破坏计算机硬件，而不仅仅停留在软件层面。简单地说，它能够直接影响计算机主板 BIOS，使得计算机彻底无法启动。这种病毒是怎么传播的呢？当时互联网刚刚起步，所以网络传播范围不大，更多的是通过盗版光盘逐步传播的。

CIH 病毒是一位名叫陈盈豪的台湾大学生编写的。CIH 病毒的载体是一个名为“ICQ 中文 Chat 模块”的工具,并以热门盗版光盘游戏如“古墓奇兵”或 Windows 95/98 为媒介，经互联网各网站互相转载，使其迅速传播。

CIH 病毒属于文件型病毒，其别名有 Win95.CIH、Spacefiller、Win32.CIH、PE_CIH，它主要感染 Windows 95/98 下的可执行文件 (PE 格式，Portable Executable Format)，目前的版本不感染 DOS 以及 WIN 3.X(NE 格式，Windows and OS/2 Windows 3.1 execution File Format) 下的可执行文件，并且在 Windows NT 中无效。其发展过程经历了 V1.0，V1.1、V1.2、V1.3、V1.4 总共 5 个版本。该病毒导致全球损失约 5 亿美元。

该病毒的防治方法：

首先，用户应该确定自己计算机主板的 BIOS 类型，如果是不可升级型的，用户只需对改回去的 CMOS 参数进行重新设置即可。如果用户的计算机 BIOS 是可升级型的，出现 CIH 病毒发作的症状，不要重新启动计算机从 C 盘引导系统，而应该及时进入 CMOS 设置程序，将系统引导盘设置为 A 盘，然后启动 A 盘引导系统。

之后，使用杀毒软件对硬盘进行彻底杀毒，再重新安装系统软件和应用软件。可以在被 CIH 病毒破坏的基础上直接安装，这种方法较简单，但会造成硬盘空间的浪费，因为这将带来一些垃圾文件；另一种方法是将用户的重要数据进行备份，再对硬盘进行格式化，重新安装系统程序和应用程序，这样能节省硬盘空间。

三、网游大盗（2007 年）

网游大盗是一个盗号木马程序，专门盗取网络游戏玩家的游戏账号、游戏密码等信息资料。该病毒有很多变种，木马会通过安装消息钩子等方式来窃取网络游戏玩家的账号和密码等一些个人私密的游戏信息，并将窃取到的信息发送到恶意用户指定的远程服务器 Web 站点或指定邮箱中，最终导致网络游戏玩家无法正常运行游戏，蒙受不同程度的经济损失。

病毒运行后，在 C 盘 Programfile 以及 Windows 目录下生成 Winlogon.exe 等 14 个病毒文件，病毒文件之多比较少见，事实上，这 14 个不同文件名的病毒文件系同一种文件。病毒文件名被模拟成正常的系统工具名称，但是文件扩展名变成了“.com”。这是病毒利用了 Windows 操作系统执行“.com”文件的优先级比“.exe”文件高的特性，当用户调用系统配置文件 Msconfig.exe 的时候，一般习惯上输入 Msconfig，而这时执行的并不是微软的 Msconfig.exe 程序，而是病毒文件，病毒编制者的“良苦用心”由此可见一斑。该病毒另一狡诈之处是，创建一个名为 Winlogon.exe 的进程，并把 Winlogon.exe 的路径指向 C:\ Windows\ Winlogon. exe，而正常的系统进程路径是 C:\ Windows\ System32\ Winlogon. exe，以此达到迷惑用户的目的。

除了在 C 盘下生成很多病毒文件外，病毒还修改注册表文件关联，每当用户点击 Html 文件时，都会运行病毒。此外，病毒还在 D 盘下生成一个自动运行批处理文件，这样即使 C 盘目录下的病毒文件被清除，当用户打开 D 盘时，病毒仍然被激活运行。这也是许多用户反映病毒屡杀不绝的原因。

该病毒的防治方法：

（1）在运行通过网络共享下载的软件程序之前，建议先进行病毒查杀，以免中毒。

（2）设置网络共享账号及密码时，尽量不要使用常见字符串，如 guest、administrator 等。密码最好超过八位，尽量复杂化。

四、冲击波病毒（2003 年）

冲击波病毒是利用在 2003 年 7 月 21 日公布的 RPC 漏洞进行传播的，该病毒于当年 8 月爆发。病毒运行时会不停地利用 IP 扫描技术寻找网络上系统为 Wondows 2000 或 XP 的计算机，找到后就利用 DCOM/RPC 缓冲区漏洞攻击该系统，一旦攻击成功，病毒将会被传送到对方计算机中进行感染，使系统操作异常、不停重启，最终导致系统崩溃。另外，该病毒还会对系统升级网站进行拒绝服务攻击，导致该网站堵塞，使用户无法通过该网站升级系统。只要是计算机上有 RPC 服务并且没有打安全补丁的计算机，都存在 RPC 漏洞，涉及的具体操作系统是 Windows 2000/XP/Server 2003/NT4.0。

该病毒充分利用了 RPC/DCOM 漏洞，首先使受攻击的计算机远程执行了病毒代码；其次使 RPCSS 服务停止响应，PRC 意外中止，从而产生由于 PRC 中止导致的一系列连锁反应。针对 RPC/DCOM 漏洞所编写的病毒代码构成了整个病毒代码中产生破坏作用的最重要的部分。

该病毒运作传播过程如下：

（1）计算机系统被病毒感染后，病毒会自动建立一个名为“BILLY”的互斥线程，如果病毒检测到系统中有该线程，则将不会重复驻入内存，否则病毒会在内存中建立一个名为“MSBLAST”的进程。

（2）病毒运行时会将自身复制为“%systemdir%\msblast.exe”，“%systemdir%”指的是操作系统安装目录中的系统目录，默认为 C：\Winnt\system32；紧接着病毒在注册表 HKEY-LOCAL-MACHINE\SOFTWARE\Microsoft\Windows\CurrentVersion\Run 下添加名为“Windows auto update”的启动项目，值为“Msblast.exe”，使得每次启动计算机时自动加载病毒。

（3）病毒隐藏后，感染病毒的计算机尝试连接 20 个随机的 IP 地址，并且对存在 RPC/DCOM 漏洞的计算机进行攻击，完成后该病毒会休息 1.8 秒，然后继续扫描另外 20 个随机的 IP 地址，并进行攻击。

（4）具体的攻击过程为：在感染病毒的计算机上通过 TCP135 端口向那些被攻击的计算机发送攻击代码，被攻击的计算机将在 TCP4444 端口开启一个 CommandShell。同时监听 UDP69 端口，当接收到受攻击的机器发来的允许使用 DCOM RPC 运行远程指令的消息后，将发送 Msblast.exe 文件，并让受攻击的计算机执行它，至此，受攻击的计算机也感染了此病毒。

（5）如果当前日期是 8 月或当月日期是 15 日以后，病毒还会发起对 Windowsupdate.com 的拒绝服务攻击（DDoS）。

该病毒的防治方法：

（1）病毒检测。

该病毒感染系统后，会使计算机出现下列现象：系统资源被大量占用，有时会弹出RPC服务终止对话框，并且系统反复重启，不能收发邮件，不能正常复制文件，无法正常浏览网页，复制、粘贴等操作受到严重影响，DNS和IIS服务遭到非法拒绝等。如果在自己的计算机中发现以上全部或部分现象，则很有可能中了冲击波病毒。此时，计算机用户应该采取以下方式检测：

1）检查系统的System32\Wins目录下是否存在Dllhost.exe文件（大小为20KB）和Svchost.exe文件（注意：系统目录里也有一个Dllhost.exe文件，但此为正常文件，大小只有8KB左右），如果存在这两个文件，说明计算机已经感染了冲击波病毒。

2）在任务管理器中查看是否有三个或三个以上Dllhost.exe的进程，如果有此进程，说明计算机已经感染了此病毒。

（2）病毒清除。

1）病毒通过最新RPC漏洞进行传播，因此用户应先给系统打上RPC补丁。

2）病毒运行时会建立一个名为“BILLY”的互斥量，使病毒自身不重复进入内存，并且病毒在内存中建立一个名为“MSBLAST”的进程，用户可以用任务管理器将该病毒进程终止。

3）用户可以手动删除该病毒文件。注意：“%Windir%”是一个变量，指的是操作系统安装目录，默认是“C：\Windows”或“C：\Winnt”，也可以是用户在安装操作系统时指定的其他目录。“%systemdir%”是一个变量，指的是操作系统安装目录中的系统目录，默认是“C：\Windows\system”或“C：\Winnt\system32”。

4）病毒会修改注册表的HKEY_LOCAL_MACHINE\ SOFTWARE\ Microsoft\ Windows\ CurrentVersion\Run项，在其中加入“windowsautoupdate”=“msblast.exe”，进行自启动，用户可以手工清除该键值。

5）病毒会用到135、4444、69等端口，用户可以使用防火墙将这些端口禁止或者使用“TCP/IP筛选”功能，禁止这些端口的使用。

6）进入“管理工具”文件夹（在开始菜单或控制面板中），运行组件服务，在左侧栏点击“服务（本地）”，找到RemoteProcedureCall（RPC），其描述为“提供终结点映射程序（endpointmapper）以及其他RPC服务”。双击进入恢复标签页，把第一、二、三次操作都设为“不操作”。

（3）病毒预防。

1）建立良好的安全习惯。不要打开来历不明的邮件及附件，不要执行下载后未杀毒处理的软件等。

2）经常升级安全补丁。据统计，大部分网络病毒是通过系统安全漏洞进行传播的，定期下载最新的安全补丁，防患于未然。

3）使用复杂的密码。有许多网络病毒就是通过猜测简单密码的方式攻击系统的，因此使用复杂的密码将会大大提高计算机的安全系数。

4）迅速隔离受感染的计算机。当发现计算机感染病毒或异常时应立刻断网，以防止计算机受到更多的感染，或者成为传播源，再次感染其他计算机。

5）安装专业的防毒软件进行全面监控。在病毒日益增多的今天，使用杀毒软件进行防毒，是越来越经济的选择，用户在安装了反病毒软件之后，应经常进行升级，将一些主要监控打开（如邮件监控），这样才能真正保障计算机的安全。

五、熊猫烧香（2006 年）

2006 年 10 月 16 日，25 岁的李俊编写了“熊猫烧香”病毒。2007 年 1 月初，该病毒肆虐网络，它主要通过下载的文件传播。“熊猫烧香”跟“灰鸽子”不同，它是一款拥有自动传播、自动感染硬盘能力和强大破坏能力的病毒，它不但能感染系统中的 exe、com、pif、src、html、asp 等文件，还能中止大量的反病毒软件进程并且删除扩展名为 gho 的文件。“熊猫烧香”病毒如图 2－3 所示。

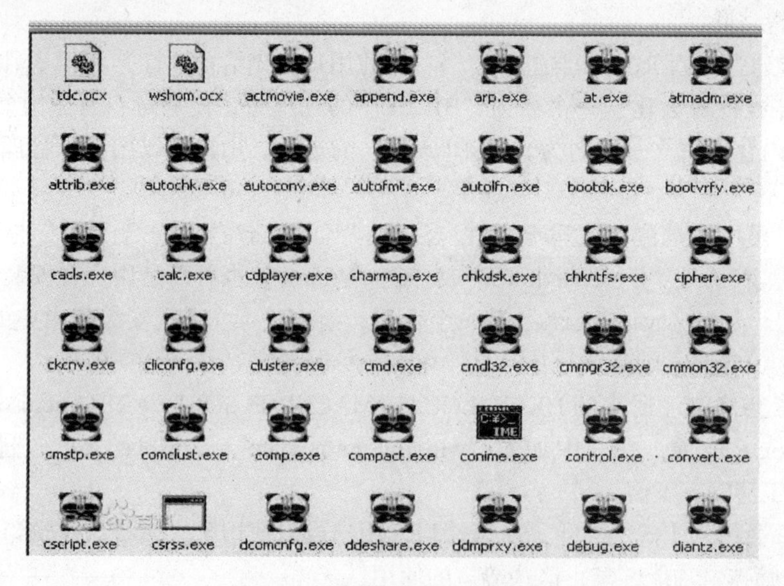

图 2－3 “熊猫烧香”病毒示例

该文件是系统备份工具 GHOST 的备份文件，使用户的系统备份文件丢失。被感染的用户系统中所有的 exe 可执行文件全部被改成熊猫举着三根香的模样。

“熊猫烧香”病毒其实是一种蠕虫病毒的变种，而且是经过多次变种而来，由于中毒计算机的可执行文件会出现“熊猫烧香”图案，所以称为“熊猫烧香”病毒。但原病毒只会对 exe 图标进行替换，并不会对系统本身进行破坏。该病毒大多数是中等病毒变种，用户计算机中毒后可能会出现蓝屏、频繁重启以及系统硬盘中数据文件被破坏等现象。同时，该病毒的某些变种可以通过局域网进行传播，进而感染局域网内所有计算机系统，最终导致企业局域网瘫痪，无法正常使用。

该病毒的防治方法：

（1）立即检查 administrator 组成员口令，一定要放弃简单口令甚至空口令，安全的口令是字母、数字、特殊字符的组合。

（2）利用组策略，关闭所有驱动器的自动播放功能。

（3）修改文件夹选项，以查看不明文件的真实属性，避免无意双击骗子程序中毒。

（4）时刻保持操作系统获得最新的安全更新，不要随意访问来源不明的网站，特别是微软的 MS06–014 漏洞，应立即打好该漏洞补丁。

（5）启用 Windows 防火墙保护本地计算机。同时，局域网用户尽量避免创建可写的共享目录；已经创建共享目录的，应立即停止共享。

此外，对于未感染的用户，病毒专家建议，不要登录不良网站，及时下载微软公司发布的最新补丁，以避免病毒利用漏洞袭击用户的计算机，同时上网时应采用“杀毒软件 + 防火墙”的立体防御体系。

六、LOVE BUG（2000 年）

LOVE BUG 属于蠕虫类脚本病毒。它对电子邮件系统产生极大的危险性。通过 Microsoft Outlook 电子邮件系统传播，邮件主题为“I Love You”，包含一个病毒附件（Love-Letter-for-you.txt.vbs）。一旦打开此病毒附件，该病毒便会自动复制并向通信簿中的所有电子邮件地址发送病毒邮件，从而造成邮件系统变慢，甚至导致整个网络系统崩溃。同时，它还感染并破坏文件名为 vbs、hta、jpg、mp3 等 12 种数据文件。

练一练

单项选择题

下列病毒中，属于木马病毒的是（　　）。

A. 磁碟机

B. 熊猫烧香

C. 网银大盗

D. Nimda

【解析】本题正确答案为 C。

学完上述内容以后，大家应该知道了各种比较有名的病毒及其防治方法。

在本部分中，如果你能够举例说出各种病毒，那么恭喜你，你已经掌握了本部分的知识。请认真完成在线学习活动 6，它将有助于你更好地巩固本部分的相关知识。

知识点 3　恶意软件分析与清除

学前思考 3：

网络资源丰富，用户需要某个功能的软件，在网络上可以随意下载，尤其是一些收费软件，我们处心积虑地寻找破解版，可它会不会给我们的计算机带来灾难？

本节知识重点

学习提示：通过知识点 2 的学习，我们知道了计算机的典型病毒及其清除方法，那么什么是恶意软件？它该怎么被清除呢？接下来，我们将继续介绍恶意软件分析与清除，之后请大家观看视频《方法：恶意软件与清除》，加深对该部分内容的理解，完成在线学习活动 7。

一、恶意软件的概念

恶意软件就是我们俗称的“流氓软件”，它是介于病毒和合法软件之间的软件。

“流氓软件”具备正常功能与实用价值（下载、媒体播放等），也有恶意行为（弹广告、开后门），给用户带来实质性危害。

一般认为，恶意软件包括病毒、木马、蠕虫和移动代码，以及这些的结合体，也叫作混合攻击。恶意软件还包括攻击者工具，如后门程序、键盘记录器、跟踪的 Cookie 记录。经反恶意软件协调工作组讨论确定，恶意软件是指在未明确提示用户或未经用户许可的情况下，在用户计算机或其他终端上安装运行，侵害用户合法权益的软件。

具有下列特征之一的软件可以被认为是恶意软件：

（1）强制安装：指未明确提示用户或未经用户许可，在用户计算机或其他终端上安装软件的行为。

（2）难以卸载：指未提供通用的卸载方式，或在不受其他软件影响、人为破坏的情况下，卸载后仍然有活动程序的行为。

（3）浏览器劫持：指未经用户许可，修改用户浏览器或其他相关设置，迫使用户访问特定网站或导致用户无法正常上网的行为。

（4）广告弹出：指未明确提示用户或未经用户许可，利用安装在用户计算机或其他终端上的软件弹出广告的行为。

（5）恶意收集用户信息：指未明确提示用户或未经用户许可，收集用户信息的行为。

（6）恶意卸载：指未明确提示用户、未经用户许可，或误导、欺骗用户卸载其他软件的行为。

（7）恶意捆绑：指在软件中捆绑已被认定为恶意软件的行为。

（8）其他侵害用户软件安装、使用和卸载知情权、选择权的恶意行为。

二、恶意软件的主要类型

（一）间谍软件

间谍软件（Spyware）是指在使用者不知情的情况下，在用户计算机上安装后门程序的软件。用户的隐私数据和重要信息会被后门程序捕获，甚至这些后门程序还能使黑客远程操纵用户的计算机。用户的隐私数据和重要信息会被后门程序所捕获，这些信息将被发送给互联网另一端的操作者，甚至后门程序还能使黑客操作用户的计算机，或者说这些有“后门”的计算机都将成为黑客和病毒攻击的重要目标及潜在目标。

（二）恶意共享软件

恶意共享软件（Malicious Shareware）是指某些共享软件为了获取利益，采用诱骗手段、试用陷阱等方式强迫用户注册，否则可能会丢失个人资料等数据；或在软件内捆绑各类恶意插件，未经允许即将其安装到用户机器里，软件集成的插件可能会造成用户浏览器被劫持、隐私被窃取等情况。

（三）广告软件

广告软件（Adware）是指未经用户允许，下载并安装在用户计算机上，或与其他软件捆绑，通过弹出式广告等形式牟取商业利益的程序。此类软件往往会强制安装并无法卸载；在后台收集用户信息牟利，危及用户隐私；频繁弹出广告，消耗系统资源，使其运行变慢等。

（四）浏览器劫持

浏览器劫持是一种恶意程序，通过浏览器插件、BHO（浏览器辅助对象）、Winsock LSP 等形式对用户的浏览器进行篡改，使用户的浏览器配置不正常，被强行引导到商业网站。

（五）行为记录软件

行为记录软件（Track Ware）是指未经用户许可，窃取并分析用户隐私数据，记录用户使用计算机习惯、网络浏览习惯等个人行为的软件。该软件危及用户隐私，可能被黑客利用来进行网络诈骗。

（六）恶作剧程序

恶作剧程序改变系统中部分文件的编码格式，运行没有任何提示，支持文件改名，支持文件合并器。恶作剧程序如果不是刻意散播，通常没有自我散播能力。

三、恶意软件的清除

如果你的计算机不小心受到恶意软件的攻击，不管你使用何种方式进行清除，最好在清除之前对重要的数据进行备份。有些恶意软件可以在 Windows 控制面板中的“添加 / 删除程序”中卸载，但大多数恶意软件不能用这种方式清除。不仅如此，多数恶意软件具有抗删除的能力。它们会在系统注册表中遗留下许多“后门”，并且很难手工清除干净。

检查和清除恶意软件最简单有效的办法是使用专门的扫描软件。反恶意软件和反病毒软件的工作原理相同，它通过扫描计算机硬盘上的数据并寻找和已知的恶意软件相吻合的特征，将结果提交给用户，由用户决定是否清除。和杀毒软件一样，用户也需要不断升级更新数据库和引擎，才能抵御新出现的恶意软件。需要说明的是，有些反恶意软件自身也携带恶意软件，它们会将原来的恶意软件清除并取而代之，所以用户使用的时候要特别小心，最好使用大公司出品的软件，比较有信誉和效率。

如果使用专门的扫描软件还不能够有效清除恶意软件，那就要用户手工清除了。一般在清除之前对数据进行备份，然后进入安全模式，在任务管理器里面停止正在运行的恶意软件进程，然后在相应的文件夹中将文件删除或在注册表里面将相应的字段删除。这种清除方式对用户要求较高且存在一定的风险，并且只能针对已经公开了的恶意软件，并不能清除新出现的恶意软件。

练一练

单项选择题

(　　)是伪装成有用程序的恶意软件。

A. 计算机病毒

B. 特洛伊木马

C. 逻辑炸弹

D. 蠕虫程序

【**解析**】本题正确答案为 B。

学完上述内容以后，大家应该知道不小心下载的软件有可能会给计算机带来危害。

在本部分中，如果你能够理解恶意软件的类型及清除方式，那么恭喜你，你已经掌握了本部分的知识。请认真完成在线学习活动 7，它将有助于你更好地巩固本部分的相关知识。

到这里，本单元的学习之旅就告一段落了，请大家认真欣赏沿途的风景，并记得按时完成本单元的作业，然后上传至网络平台中的“本单元作业”处。

拓展阅读

1. 王贵和 . 计算机病毒原理与反病毒工具 . 北京：科学技术文献出版社，1995.

2. 国家计算机网络应急技术处理协调中心 . 中国计算机病毒发展趋势 . 2014–04.

单元小结

本单元主要讲述了计算机病毒、典型病毒分析与清除、恶意软件分析与清除。学完本单元，学生应该能够认识到：

1. 计算机病毒是一些人为编制的程序代码，其种类越来越多，危害性越来越大。有些以盗取他人的私人信息为目的，有些以非法控制他人的计算机为目的，还有些以攻击他人的计算机或网络系统为目的。

2. 计算机病毒的传播途径多种多样，有的通过硬盘传播，有的通过光盘传播，有的通过移动硬盘（U 盘）传播，还有的通过网络传播。只有从多方面进行防范，才能有效遏制计算机病毒的传播。

3. 计算机病毒具有很强的破坏性。只有充分认清其危害，才能引起高度重视，积极采取各种措施对计算机病毒进行防治。

以上就是本单元的全部内容，感谢大家的努力，继续保持，加油！

第三单元

智能手机信息安全

Unit

学习导引

同学们好！欢迎你们来到“网络安全与管理”课程的课堂。这门课程将带领我们更好地了解信息安全，了解信息安全给我们带来的影响，以及通过各种手段来解决各类信息安全问题。随着智能手机的普及，以及智能支付方式的流行与应用，我们不仅要保护计算机中的信息安全，还应注意智能手机中的信息安全。

在本单元，我们将共同学习智能手机信息安全、智能手机病毒、智能手机隐私泄露三个内容。学完之后，相信你们对智能手机中的信息安全将会有一个全新的认识，可以对智能手机的隐私安全更加敏感，保证自己的信息安全。

在本单元的学习之旅中，需要你们认真学习本单元的内容，观看教学视频，完成在线学习活动以及作业。只有按照要求完成上述所有环节的内容，你才算完成了本单元的学习任务。

学习目标

学完本单元内容之后，你将能够：

（1）了解智能手机信息安全的相关概念；

（2）了解智能手机病毒的相关知识；

（3）了解智能手机个人隐私泄露的内容。

接下来，让我们一步步深入理解本单元的学习内容吧。首先，我们来熟悉一下本单元内容的整体框架。

知识结构图

图 3－1 是本单元的整体框架以及学习这部分内容的思维过程规划。此图可以帮助大家从整体上了解本单元的知识结构和学习路径，包括智能手机信息安全、智能手机病毒、智能手机隐私泄露。请大家仔细品读和理解，建立对本部分知识的整体印象。

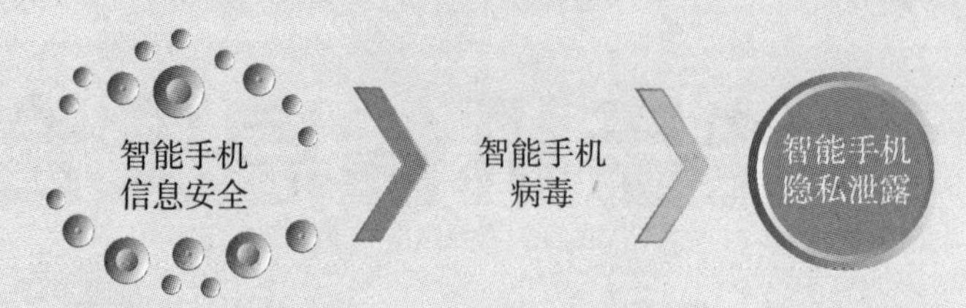

图 3－1　知识结构图

看完上面的知识结构图后，大家是否已经对本单元所要学习的内容以及如何学习这些内容有一个初步的整体印象了呢？接下来，我们在这个整体框架的指引下逐一学习每个知识点。我们需要在理解智能手机系统安全的基础上，重点学习智能手机病毒与木马知识，结合个人隐私泄露的案例和对相关问题的认识，将理论与实际相结合。

知识点 1 智能手机信息安全

学前思考 1：

智能手机与传统的 PC（个人计算机）平台不同，这表现在大部分移动智能终端是用户随身携带的，并且实时在线。不仅如此，终端中还储存了大量涉及用户隐私的数据，特别是用户的通信录、短信息、通话记录等信息。另外，智能手机的许多功能和服务是涉及用户资费的，例如用户的网络流量、手机通话等，与用户的经济利益直接相关。

请你参考更多资料，思考一下，随着智能手机软件和硬件性能不断提升，智能手机用户不断增加，我们需要对智能手机注意哪些方面的安全。

你想好了吗？让我们带着问题学习以下内容吧。

本节知识重点

学习提示：“信息安全”已经成为当今社会的一个热点词汇，2017 年中国互联网安全大会也提出了“大安全”的概念。在本部分，我们需要重点关注智能手机系统的安全。如果单纯阅读教材上的内容有障碍，我们可以通过观看视频《主题案例分析：智能手机安全》来加深理解本部分内容，然后完成在线学习活动 8。接下来，让我们一起学习智能手机信息安全的相关内容吧！

一、智能手机信息安全的概念

智能手机信息安全包括手机的软件和硬件安全，手机可以连续、正常、可靠地运行，信息服务不会中断，同时手机系统中的数据也需要受到保护，不会因为恶意的或者偶然的原因而遭到泄露、更改和破坏。

智能手机信息安全主要包括机密性、完整性、可用性。

（1）机密性是指手机中的数据不会在用户未授权的情况下被第三方得到，因为手机中的数据大部分都是用户的私有信息，必须保证用户的私有信息不会被泄露。

（2）完整性是指手机的系统和手机中的数据都是完整的，系统未被破坏，数据没有被篡改或者删除。

（3）可用性是指手机时刻处于可使用的状态，保证通信的顺畅。

二、智能手机信息安全的重要性

智能手机信息安全与用户的隐私和经济利益直接相关，因此，保护手机的信息安全是非常重要的，主要表现在以下几个方面。

（一）防止用户手机里的机密信息丢失

智能手机中的通信录、通话记录等属于用户的私有信息，另外，由于现在手机的内部存储比较大，并且可以支持外置的 SD 卡等设备，用户可能会将一些需要处理的重要文件等也储存在手机中，这些信息一旦丢失，可能会给用户带来很大的损失。

（二）防止手机强行消费

智能手机的移动通信业务都是和用户的经济利益有直接关系的，如果手机被强制消费，则会造成用户的经济损失。

（三）防止破坏手机系统或者硬件系统

有些恶意代码会删除用户储存器中的内容，破坏手机系统，将关键文件删除，造成手机的软件系统崩溃。更有甚者，可能会由于过压或者过流等原因导致硬件的损坏。

三、智能手机信息安全的内容

智能手机的信息安全包括以下几个方面。

（一）手机数据安全

保护手机中的数据不被泄露、恶意篡改或者删除，保证数据的机密性和完整性。

（二）智能手机系统安全

手机系统是智能手机的灵魂，必须保护手机系统可以正常运行，防止通过手机漏洞对手机进行破解。

（三）手机升级安全

为了有更好的用户体验，智能手机可能需要在出厂后进行升级，当手机的固件升级后，可以有效地保护手机的安全，防止手机被升级成“板砖”。

学完上面的内容后，你是否对智能手机信息安全的概念有了一个清晰的认识呢？

练一练

单项选择题

以下选项属于保护智能手机信息安全需要注意的是（　　）。

A. 用户手机里的通信录、重要文件　　B. 手机强制消费

C. 手机应用软件崩溃　　D. 以上都是

【解析】智能手机信息安全的重要性包括：（1）防止用户手机里的机密信息丢失；（2）防止手机强行消费；（3）防止破坏手机系统或者硬件系统。本题正确答案为 D。

经过前面的学习，如果你能复述或者用自己的语言来回答智能手机信息安全的概念，并能举例说明智能手机信息安全的重要性，那么恭喜你，你已经较好地掌握了本部分的内容。请记得完成在线学习活动 8。

请你做好本部分的梳理总结，稍做休息，我们继续进行下一个知识点的学习。

知识点 2 智能手机病毒

学前思考 2：

随着移动通信网络的发展和应用软件的不断丰富，智能手机已成为移动终端的发展趋势。智能手机配备了丰富的硬件接口和开放性的操作系统，为用户提供了一个功能强大的信息处理平台。在中国，智能手机用户群体的扩大催生出丰富多样的应用软件，智能手机已经成为个人信息的最重要载体，这同时给手机病毒的滋生与传播带来了可乘之机。目前，手机病毒的发展正呈现出前所未有的加速势头，已经成为信息安全的严重威胁。

请你参考更多资料，初步了解智能手机病毒的发展趋势、攻击手段和传播方式。

本节知识重点

学习提示：通过知识点 1 的学习，我们知道了智能手机信息安全的相关概念，以及智能手机信息安全的重要性。接下来，我们将继续学习造成智能手机信息安全威胁的重要原因——智能手机病毒。请大家观看视频《主题案例分析：智能手机病毒与木马》，加深对该部分内容的理解，然后完成在线学习活动 9。接下来，让我们一起学习智能手机病毒的相关内容。

一、智能手机病毒的发展趋势

早期的智能手机病毒主要是因黑客炫耀技术而产生，并不会对用户造成实质上的重大损害。后来，受经济利益驱使，智能手机病毒的发展方向也转为私人订制收费服务、网络钓鱼及间谍软件等。有关专家认为，智能手机面临的安全威胁很快将超越个人计算机，成为个人信息安全的第一大隐患。

回顾智能手机病毒的发展，根据攻击原理的演化，大致可分为以下三个阶段。

（一）硬件漏洞攻击阶段

手机病毒萌芽期，病毒爱好者发现手机芯片中固化程序的漏洞并加以利用，通过给手机发送含有特殊字符的短信而使手机出现异常。

（二）欺骗式攻击阶段

随着芯片和通信技术的发展，智能手机的信息处理能力和网络功能大大增强，黑客们利用手机平台操作系统开放的接口编写病毒，然后利用用户的疏忽、好奇心和信任来达到传播的目的。比如病毒会把自身隐藏在用户感兴趣的内容中，诱骗用户下载或点击查看。目前，大部分手机病毒都采用此类攻击手段。

（三）软件漏洞攻击阶段

病毒将直接利用手机操作系统或者应用软件的漏洞进行攻击和传播。这种攻击手段比欺骗式攻击更加隐蔽，不需要用户互动即可感染或激活。比如 Windows Mobile 就已爆出 IE 漏洞，用户在正常浏览一个恶意制作的网页或图片时，可能就会被攻击者利用。目前，智能手机病毒正处在从欺骗式攻击阶段向软件漏洞攻击阶段发展的时期，一旦进入软件漏洞攻击阶段，手机病毒的危害将急剧扩大。

二、智能手机病毒的攻击手段

智能手机病毒同时给手机终端和移动通信网络都带来了巨大威胁。对于手机终端来讲，手机病毒可以通过以下方式进行攻击。

（一）短信诈骗

很多手机操作系统都向开发者提供了短信功能的接口，这类接口也可以被用到手机病毒上。手机病毒会读取用户通信录，向联系人发送含有诈骗内容或者恶意链接的短信。受害人往往会对来自熟人的短信缺乏警惕，如果仅根据电话号码来信任短信内容，一旦感染病毒，通信录中每一个联系人都有可能成为受害者。

（二）窃取文件

手机木马可以搜索出用户存放在手机中的个人信息、通信录、图片和视频及文档表格等各种类型的文件，并通过无线网络将文件传送到指定的地方。

（三）监听

在 Windows Mobile SDK 中，微软提供了 Waveform Audio 系列函数来实现记录和播放 Wav 文件的功能。智能手机的存储容量有限，并不能长时间进行录制窃听，但是它可以将已录好的声音文件通过无线网络发送给窃听者。如果攻击结合了短信接口技术，病毒可以通过短信来灵活地激活或者关闭录音程序。

（四）偷窥账户

病毒可以通过 hook 函数监控手机应用程序，截获用户的账号和密码并发送到指定的地方，给用户带来不可估量的损失。McAfee 公司做的一项调查显示，移动设备生产商最关注的安全问题中，手机银行和手机支付排在首位。

（五）消耗资费

黑客和增值业务服务商勾结，会利用手机病毒暗中订制各种收费业务或不断向外发送彩信和拨打电话等来暗中消费，普通手机用户无法察觉，也很难进行有效维权。

（六）破坏电池

某些智能手机病毒会对手机电池进行攻击，大量消耗电池电量，造成待机时间短、电池寿命减少等问题。对于移动通信网络，手机病毒攻击可以造成服务中断或瘫痪。如果病毒攻击和控制网关，向大量被感染的手机在某个时段内同时发送垃圾短信或拨打某个特定号码，就会大量占用通信资源，形成拒绝服务攻击。如果病毒成功攻击了 WAP 服务器的安全漏洞，则会使手机无法通过 WAP 接入互联网，造成网络瘫痪。

三、智能手机病毒的传播方式

同传统病毒相比较，智能手机病毒的传播方式更加多样，下面介绍几种。

（一）基站植入

通过制作专门的基站，当基站覆盖范围内的手机连接到该基站时，基站把木马信息传播到指定的手机上。该方式能够实现定点植入，但实现难度非常大。

（二）彩信植入

彩信的编辑规范是 MIME，该规范可以把任何格式的数据打包成彩信。木马程序可以被打包成彩信的一部分进行传播并植入。该方式能够实现定点植入，难度适中。

（三）网关植入

手机通过发送含木马程序的数据给网关（例如 WAP 服务器与短信平台等），网关感染病毒后再把木马传染给其他终端。

（四）WAP 网站植入

把木马挂在 WAP 网站上，当手机用户访问时，把手机木马自动植入到手机上。在辅以附加手段的前提下，该方法也可以实现定点植入。

（五）无线通信植入

木马通过手机直接传播给手机，其中间桥梁是诸如 Wi-Fi、蓝牙和红外等无线连接。通过该途经传播的最著名的手机病毒实例就是国际病毒编写小组“29A”发布的 Cabir 病毒。Cabir 病毒通过手机的蓝牙设备传播，使染毒的蓝牙手机通过无线方式搜索并传染其他蓝牙手机。

（六）通过 PC 植入

木马先寄宿在普通计算机上，并借助计算机网络的强大传播能力，把木马散播到计算机终端上并潜伏（仅仅潜伏而不做破坏）。当手机通过各种途径连接到潜伏了手机木马的计算机时，木马就传染给手机终端。

（七）升级植入

刷机是目前手机领域非常时尚的内核及功能升级途径。由于升级包发布途径不严格且非常复杂，因此，这成为传播木马的一个有效途径。

（八）程序绑定

把手机木马和常用的应用与智能手机平台的共享软件绑定在一起，当手机用户下载了免费共享软件并安装或使用时，手机木马就植入到手机终端上了。

四、智能手机病毒的发现与防治

（一）智能手机病毒的表现

这里总结了手机中病毒的五种表现，出现两种以上就需要注意自己的手机安全了。

（1）机身温度经常过热，在不进行任何操作的情况下，手机温度变热发烫，并且出现突然无法开机的现象。造成这个现象的病毒是一种硬件损害类的病毒，如 Hack. mobile. smsdos，对手机的破坏力非常大。

（2）手机话费突然减少，在没有打电话、用流量等情况下，如果突然发现自己的话费减少了，一定要留意一下，因为有种叫作“蚊子木马”的病毒会用你的手机向国外拨打电话，当你发现的时候往往手机已经欠费了。

（3）手机电量骤减，如果在没有进行观看视频、玩游戏等耗电较大的操作时发现手机电量骤减，也要格外注意一下，因为有一种叫作“卡比尔”的病毒可以自动打开蓝牙、Wi-Fi，加快耗电速度，并自动搜索附近的携带病毒的手机，然后传染给你的手机，窃取你的信息。

（4）手机无法更新，例如 Fontal 木马，透过破坏手机系统中的程式管理器，阻止使用者下载新的应用程式或其他更新，并且还会阻止手机删除病毒。

（5）手机的屏幕上显示格式化内置硬盘画面，这是一种开玩笑式的手机病毒，看到之后不用惊慌，它不会真的把你的手机格式化，但是如果你不小心当真了，那么后果就是手机真的被格式化了。

病毒感染手机之后，往往会盗取用户的信息，在后台不停地安装、下载软件，并不停地推送垃圾广告信息等，让手机越来越卡、越来越难用。

（二）智能手机病毒的防治

（1）不要在手机上下载来路不明的文件，不要安装通过彩信、微信、蓝牙等发送过来的不明可安装文件。下载信息时，保证信息源可靠。

（2）手机安装必要的安全软件，平时需要注意隐藏或关闭手机的蓝牙功能，这样可以防止手机自动接收病毒。

（3）假如手机已经中了病毒，建议刷机处理；或者恢复出厂设置，用以对手机进行清理；或者进入安全模式，找到病毒程序，取消激活。

练一练

单项选择题

下列对智能手机病毒所下的定义中，最准确的一项是（　　）。

A. 智能手机病毒是一种以手机网络和计算机网络为平台的专门攻击手机的计算机病毒

B. 智能手机病毒是借助短信的形式，感染手机的计算机病毒

C. 智能手机病毒通过短信传播感染手机，染毒短信是由乱码组成的

D. 智能手机病毒是可以通过手机运营商的移动系统向同型号的手机发送辱骂短信的计算机病毒

【**解析**】B、C、D 项都不是科学定义，本题正确答案为 A。

经过前面的学习，如果你能简要说明智能手机病毒的发展趋势，或者用自己的语言来介绍几种手机病毒的攻击手段，并能举例说明智能手机的传播方式，那么恭喜你，你已经较好地掌握了本部分的内容。请记得完成在线学习活动 9。

请你做好本部分的梳理总结，稍做休息，我们继续进行下一个知识点的学习。

知识点 3 智能手机隐私泄露

学前思考 3：

网络隐私越来越成为一个全球性的重要议题，我们该如何防范隐私泄露和网络欺诈？

请你参考更多资料，初步了解智能手机隐私泄露的相关案例，并思考如何防范隐私泄露和网络欺诈。

本节知识重点

学习提示：通过知识点 1 和知识点 2 的学习，我们了解了智能手机信息安全的相关概念，知道了智能手机病毒的相关知识。接下来，介绍智能手机隐私泄露的案例，以及相应的防范方法。之后，请大家观看视频《主题案例分析：个人隐私泄露与保护》，加深对该部分内容的理解，然后完成在线学习活动 10。接下来，让我们一起学习智能手机隐私泄露的相关内容。

一、敏感信息

敏感信息（或敏感数据）是指不当使用或未经授权被人接触或修改后，会产生不利于国家和组织的负面影响和利益损失，或会产生不利于个人依法享有个人隐私权的所有信息。

敏感信息根据其信息种类的不同，可以分为个人敏感信息和商业敏感信息。

（一）个人敏感信息

中华人民共和国最高人民法院、最高人民检察院对“公民个人信息”进行了解释，个人敏感信息是指以电子或者其他方式记录的能够单独或者与其他信息结合识别特定自然人身份或者反映特定自然人活动情况的各种信息，包括姓名、身份证件号码、联系方式、住址、账号密码、财产状况、行踪轨迹等。

最高法的司法解释，指明了个人敏感信息的种类，包括：

（1）基本信息，如姓名、性别、年龄、身份证号码、电话号码、E-mail 地址及家庭住址等，有时甚至会包括婚姻、信仰、职业、工作单位、收入、病历、生育等内容。

（2）设备信息，是指个人信息主体使用各种计算机终端设备（包括移动和固定终端）的基本信息，如位置信息、Wi-Fi 列表信息、Mac 地址、CPU 信息、内存信息、SD 卡信息等。

（3）账户信息，主要包括银行账号（特别是网银账号）、第三方支付账号，社交账号和重要邮箱账号等。

（4）隐私信息，主要包括通讯录信息、通话记录、短信记录、IM 应用软件聊天记录、个人视频、照片等，甚至包括个人健康记录、生物特征等。

（5）社会关系信息，主要包括好友关系、家庭成员信息、工作单位信息等。

（6）网络行为信息，主要是指上网行为记录和活动行为，如上网时间、上网地点、输入记录、聊天交友行为、网站访问行为、网络游戏行为等信息。

当前，个人敏感信息的泄露主要通过人为倒卖、手机泄露、电脑病毒感染和网站漏洞等途径实现。在互联网应用普及和人们对互联网依赖的背景下，信息安全漏洞导致的个人敏感信息泄露事件频发。

（二）商业敏感信息

商业敏感信息是指不为公众所知悉，能为权利人带来经济利益，具有实用性并经权利人采取保密措施的技术信息和经营信息。

技术信息是指权利人采取了保密措施，保护不为公众所知晓（未取得工业产权保护）的，具有经济价值的技术知识，如设计、程序、产品配方、制作工艺等。

经营信息是指权利人采取了保密措施，保护不为公众所知晓的，具有经济价值的有关商业、管理等方面的方法、经验或其他信息，如企业的战略规划、管理方法、商业模式等。

二、敏感信息泄露

（一）相关案例

1. 3 · 15 晚会曝光个人信息泄露

2012 年央视 3 · 15 晚会曝光了罗维邓白氏非法获取、买卖公民个人信息。上海罗维邓白氏是一家专门从事直复营销的公司，它自称手中掌握着 1.5 亿名中国中高端消费者的信息。直复式营销是指通过发送短信进行营销，罗维邓白氏称可以应客户的要求对1.5亿个个人信息数据，按照地域、时间、身份、资产情况等各方面进行精准筛选。用户手机不断收到的推广广告、欺诈短信等是它获取个人信息的主要渠道。

2. 手机窃听软件导致商业秘密泄露

一位陈姓女士称竞争对手李某通过彩信向其发送病毒链接，手机被强制安装了该病毒后，其与合作伙伴签订合同的价格均被李某窃听，并以更低的价格抢到了订单。这是一个因手机被窃听而导致商业损失的真实案例。

3. 手机应用权限泄密

市民林钟是一位“技术控”，总爱体验各种最新的App软件。他的智能手机变成了一个“百事通”，查天气、查地图、查美食、查街景……无所不能。几天前，林钟心血来潮找了一款第三方监测软件，想查查手机里的App使用情况，谁知，小小一部手机，竟然显示有97款软件涉及获取隐私权限，其中36款软件涉及读取联系人号码。

网络反病毒工程师李铁军曾在微博上公布了一组触目惊心的数据：“从安卓官方市场和豌豆荚下载了130个应用，发现100%需要网络权限，70%查看手机标识号，50%要定位，10%要访问地址簿，7%能发短信打电话，还装了两个广告木马，这就是智能手机面临的安全现状。”

大部分人都以为设置了密码、不下载非法软件，手机就是安全的。殊不知，每时每刻，个人信息都有可能被上传到互联网云服务器上，被他人非法侵占。

（二）个人敏感信息泄露分析

1. 行业分布广泛，互联网、金融行业成为重灾区

在我们收集的案例中，涉及个人敏感信息泄露情况的行业多达20个，分布较为广泛，包括设备厂商、电商、互联网公司、金融机构、医疗、政府机构、运营商等。其中个人信息泄露涉及的前5个行业为：互联网、金融、政府机构、教育、医疗，占全部个人信息泄露涉及行业的69.29%，成为个人敏感信息泄露的重灾区。我们可以看到，这5个行业基本上都是偏重于储存、分析、使用个人信息的行业，涉及人们日常生活的各个方面。

信息泄露的主要原因是对信息安全的重视程度不能够适应科技的快速变革及发展。近年来，移动互联网得到了长足的发展，基本上可以做到一部手机解决所有事情，但是在人们享受便利的同时，安全性并未得到同样的提升，而是增加了数据泄露的途径，降低了不法分子获取敏感数据的难度，导致了个人信息的非授权的使用和泄露。

2. 黑客入侵获取数据成为主要手段

73.23%的个人信息泄露是由于黑客入侵等技术手段导致数据泄露；18.9%的个人信息泄露是由于内部人员主动泄露或出售数据非法牟利等非技术手段导致数据泄露；此外还有7.87%的泄密尚不清楚是由于哪种手段导致数据泄露。

3. 暴露出的国外个人信息泄露案例要远超过国内

通过收集到的案例来看，暴露出的国外的个人信息泄露案例达到 62.99%，是国内暴露出的个人敏感信息泄露案例的 2 倍，虽然国内个人敏感信息案例少于国外，但是由于我国人口基数比较大，受影响人数反而要远远超过国外同类泄露事件。

三、如何防范智能手机隐私泄露

（一）手机 App 使用安全建议

尽量选择官方渠道，特别是投资理财、银行类 App，不要下载来历不明的山寨 App。谨慎授予 App“打开摄像头和麦克风”“读取短信”“读取联系人”“读取位置信息”等权限;对一些使用大量流量且没有告知的 App，及时检查和删除;不要把手机中的 QQ、微信、微博等设置为“自动登录”，密码最好定期更换；不再使用 App 时应彻底退出；关闭某些 App 的自启动功能，如果不能关闭，就卸载。

（二）公共 Wi-Fi 使用安全建议

在公共场所尽量不去使用没有密码的免费 Wi-Fi；尽量向服务人员询问商家提供的免费 Wi-Fi 和密码，并认真核对 Wi-Fi 名；将手机上的 Wi-Fi 设置为手动连接，避免不经意间连入有风险的 Wi-Fi。

（三）旧手机安全处理建议

把重要数据备份后，多次存取一些无关紧要的内容或者大型文件（如电影），直至将手机的存储空间全部占满，数据即使被不法分子恢复，也只能恢复一些无关紧要的数据；给手机安装一个“文件粉碎机”，进行全盘擦除；将旧手机低价处理或扔掉前，一定要确保手机里的隐私信息已经被妥善处理。

四、电信诈骗

（一）电信诈骗的定义

电信诈骗是指不法分子通过电话、网络和短信方式，编造虚假信息，设置骗局，对受害人实施远程、非接触式诈骗，诱使受害人给不法分子打款或转账的犯罪行为。

2016 年 12 月 20 日，最高人民法院、最高人民检察院、公安部发布《关于办理电信网络诈骗等刑事案件适用法律若干问题的意见》再度明确，利用电信网络技术手段实施诈骗，诈骗公私财物价值 3 000 元以上的可判刑，诈骗公私财物价值 50 万元以上的，最高可判无期徒刑。

（二）犯罪特点

1. 犯罪活动的蔓延性比较大，发展迅速

不法分子往往利用人们趋利避害的心理，通过编造虚假电话、短信，地毯式地给群众发布虚假信息，在极短的时间内发布，范围很广，侵害面很大，所以造成的损失面也很广。

2. 信息诈骗手段翻新速度快

从最原始的中奖诈骗、消费信息发展到勒索、电话欠费、汽车退税等，不法分子总是能想出五花八门的骗术。不法分子甚至冒充公安人员谎称受害人涉嫌犯罪等方式实施诈骗。近几年，电信诈骗手段不断花样翻新，而且翻新的频率很高，有的时候甚至一两个月就产生新的骗术。

3. 团伙作案，反侦查能力强

犯罪团伙组织严密，一般采取远程的、非接触式的诈骗。他们采取企业化的运作，分工很细，有人专门负责购买手机，有人专门负责开办银行账户，有人负责拨打电话，有人负责转账，下一道工序不知道上一道工序的情况。这为公安机关的打击工作带来很大的困难。

4. 跨国跨境犯罪比较突出

有的不法分子在境内发布虚假信息骗境外的人，也有的常在境外发布短信骗中国境内的人，所以打击难度很大。

（三）主要诈骗手段

1. 冒充社保、医保、银行、电信等工作人员

诈骗分子以受害人的银行卡消费、扣年费、密码泄露、有线电视欠费、电话欠费为名，谎称受害人的信息泄露，已被他人利用从事犯罪，需给银行卡升级、验资证明清白，要提供所谓的安全账户，引诱受害人将资金汇入犯罪嫌疑人指定的账户。

2. 冒充公检法、邮政工作人员

诈骗分子以法院有传票、邮包内有毒品，涉嫌犯罪、洗黑钱等，以传唤、逮捕、冻结受害人名下存款进行恐吓，需要受害人以验资证明清白，并提供安全账户进行验资，引诱受害人将资金汇入犯罪嫌疑人指定的账户。

3. 以销售廉价飞机票、火车票及违禁物品为诱饵进行诈骗

犯罪嫌疑人以出售廉价的走私车、飞机票、火车票及枪支弹药、迷魂药、窃听设备等违禁物品，利用人们贪图便宜和好奇的心理，引诱受害人打电话咨询，之后以交定金、托运费等进行诈骗。

4. 冒充熟人进行诈骗

犯罪嫌疑人冒充受害人的熟人或领导，在电话中让受害人猜猜他是谁，当受害人报出一熟人姓名后即予承认，谎称将来看望受害人。隔日，再打电话编造因赌博、嫖娼、吸毒

等被公安机关查获，或以出车祸、生病等急需用钱为由，向受害人借钱并告知汇款账户，达到诈骗目的。

5. 虚构汽车、房屋、教育退税进行诈骗

诈骗信息内容为“国家税务总局对汽车、房屋、教育税收政策调整，你的汽车、房屋、孩子上学可以办理退税事宜。”一旦受害人与犯罪嫌疑人联系，往往在不明不白的情况下，被对方以各种借口诱骗到 ATM 机上实施英文界面的转账操作，将存款汇入犯罪嫌疑人指定账户。

6. 利用银行卡消费进行诈骗

嫌疑人通过手机短信提醒手机用户，称该用户银行卡刚刚在某地（如某百货、某酒店）刷卡消费 ×× 元等，如有疑问，可致电咨询，并提供相关的电话号码转接服务。在受害人回电后，犯罪嫌疑人假冒银行客户服务中心及公安局金融犯罪调查科的名义谎称该银行卡被复制盗用，利用受害人的恐慌心理，要求受害人到银行 ATM 机上进入英文界面的操作，进行所谓的升级、加密操作，逐步将受害人引入“转账陷阱”，将受害人银行卡内的款项汇入犯罪嫌疑人指定账户。

7. 冒充黑社会敲诈实施诈骗

不法分子冒充“黑社会”“杀手”等名义给手机用户打电话、发短信，以替人寻仇等威胁口气，使受害人感到害怕后，再提出拿钱消灾等方法迫使受害人向其指定的账号内汇款。

8. 虚构绑架、出车祸诈骗

犯罪嫌疑人谎称受害人亲人被绑架或出车祸，并有一名同伙在旁边假装受害人亲人大声呼救，要求速汇赎金，受害人因惊慌失措而上当受骗。

9. 利用汇款信息进行诈骗

犯罪嫌疑人以受害人的儿女、房东、债主、业务客户的名义发送：“我的原银行卡丢失，等钱急用，请速汇款到账号 ××××”，受害人不加甄别，结果被骗。

10. QQ 聊天冒充好友借款诈骗

犯罪嫌疑人通过种植木马等黑客手段，盗用他人 QQ。他们事先有意和 QQ 使用人进行视频聊天，获取使用人的视频信息，在实施诈骗时播放事先录制的使用人视频，以获取被害人的信任。犯罪嫌疑人分别给使用人的 QQ 好友发送请求借款信息，进行诈骗。

（四）防止网络诈骗的方法

1.“十个凡是”

（1）凡是问你银行卡号和让你转账的陌生人都要警惕。

（2）凡是自称公检法的工作人员要求核查账户、转账汇款的都要警惕。

（3）凡是帮你找工作、找兼职让你先交押金的都要警惕。

（4）凡是退票、改签要你去 ATM 操作的都是骗子。

（5）凡是声称免费退款换货的陌生电话和网址都要警惕。

（6）凡是接到 170、171、147 号段牵涉到钱的都要警惕。

（7）凡是声称你中奖要求先交保证金的都是骗子。

（8）凡是购买游戏装备要你先汇款的都是骗子。

（9）凡是让你领取补贴、补助并要求你去 ATM 操作的都是骗子。

（10）凡是 QQ、微信上的朋友要求借钱、汇款、充话费的务必电话确认。

2. “五个一律”

（1）陌生电话让你提供银行卡信息，一律挂掉。

（2）陌生电话声称你中奖了，一律挂掉。

（3）陌生电话自称公检法工作人员，要求核查账户、转账汇款的，一律挂掉。

（4）陌生短信发来的链接，一律删除。

（5）微信陌生人发来的链接，一律不点击。

练一练

单项选择题

在使用智能手机时，以下操作不正确的是（　　）。

A. 凡是自称公检法工作人员要求核查账户、转账汇款的都要警惕

B. 安装应用软件时，授予 App 所有其要求的权限以便进一步安装

C. 凡是接到 170、171、147 号段牵涉到钱的都要警惕

D. 凡是让你领取补贴、补助，要求你去 ATM 操作的都是骗子；凡是购买游戏装备要你先汇款的都是骗子

【解析】A、C、D 项都是“十个凡是”里的建议。B 项，不符合手机 App 使用安全建议，不应该这样操作。故本题正确答案为 B。

通过学习，如果你能简要叙述几个智能手机隐私泄露的案例，或者用自己的语言来介绍几种防范个人隐私泄露的方法，那么恭喜你，你已经较好地掌握了本部分的内容。请记得完成学习活动 10。

到这里，本单元的学习之旅就算告一段落了，请大家认真欣赏沿途的风景，并记得按时完成本单元的作业，然后上传至网络平台中的“本单元作业”处。

拓展阅读

1. 康海燕，孟祥．基于社会工程学的漏洞分析与渗透攻击研究．信息安全研究，2017, 3(2): 116–122.

2. 孟祥，康海燕．基于关系加密的隐私保护方法．武汉大学学报（理学版），2016, 62(2): 127–134.

3. 康海燕，闫涵，黄浩然，孙璇．基于 BP 神经网络的 Wi-Fi 安全评价模型的研究．通信学报，2016(s1): 50–56.

4. 腾讯社会研究中心，DCCI 互联网数据研究中心 . 网络隐私安全及网络欺诈行为研究分析报告（2018 年上半年）. 2018-08.

单元小结

本单元主要讲述了智能手机信息安全的概念、智能手机病毒以及智能手机隐私泄露的相关知识。我们学完本单元，应该能够认识到智能手机信息安全的重要性，了解智能手机病毒传播的途径和方式，同时我们要学会如何防范隐私信息的泄露。

以上就是本单元的全部内容，感谢大家的努力，继续保持，加油！

第四单元

网络安全技术

Unit

学习导引

同学们好！欢迎你们来到“网络安全与管理”课程的课堂。这门课程将带领我们更好地了解信息安全，了解信息安全带给我们的影响，学习通过各种手段来防范各类信息安全问题。在你打开电脑开始浏览网页或者玩游戏时，计算机并不轻松！为了保证你的正常浏览，保护你的信息安全，计算机在背后默默地“付出”着。现在请大家共同进入本单元的主题!

在本单元，我们将共同学习防火墙概述与技术、入侵检测概述与技术、VPN 概述与技术。学完之后，相信你会具备保护信息安全的能力。

在本单元的学习之旅中，需要你们认真学习本单元的内容，观看教学视频，完成在线学习活动以及作业。只有按照要求完成上述所有环节的内容，你才算完成了本单元的学习任务。

学习目标

学完本单元内容之后，你将能够：

（1）了解防火墙的概念与主要技术；

（2）了解入侵检测的概念与主要技术；

（3）了解 VPN 的概念与主要技术。

接下来，让我们开始学习本单元的内容吧。首先，我们来熟悉一下本单元内容的整体框架。

知识结构图

图 4 - 1 是本单元内容的整体框架以及学习这部分内容的思维过程规划。此图可以帮助大家从整体上了解本单元的知识结构和学习路径，包括防火墙概述与技术、入侵检测概述与技术、VPN 概述与技术。请大家仔细品读和理解，帮助自己建立对本部分知识的整体印象。

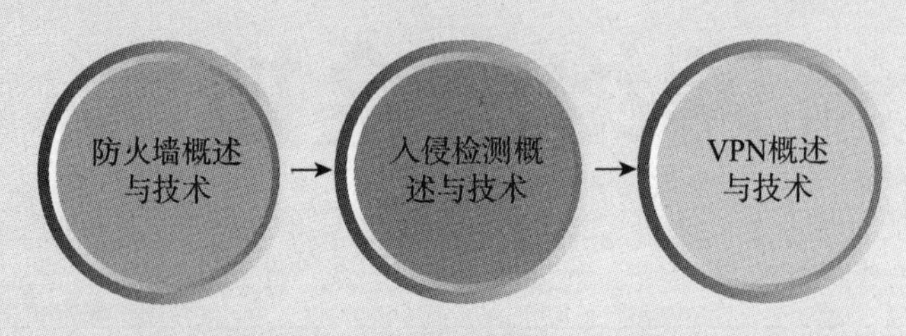

图 4 - 1　本单元知识结构图

看完上面的知识结构图后，大家是否已经对本单元所要学的内容以及如何学习这些内容，有一个初步的整体印象了呢？接下来，我们将在知识结构图的指引下逐一学习每个知识点的具体内容。我们需要在理解网络安全的基础上，重点学习防火墙技术、入侵检测技术、VPN 技术。请在学习后，结合生活经验和对相关问题的认识，将理论与实践相结合。

知识点 1　防火墙技术

学前思考 1：

随着互联网的不断发展，网络安全问题越来越受到人们的关注。在 2018 年全球风险报告中，网络安全问题排名第三，仅次于自然灾害与极端天气事件，这足以说明网络安全的重要性。防火墙是网络安全防护的必备产品，那么，什么是防火墙？防火墙需要使用哪些技术呢？

本节知识重点

学习提示：防火墙的英文名为“Firewall”，它是目前最重要的网络防护设备之一。从专业角度讲，防火墙是位于两个（或多个）网络间，实施网络之间访问控制的一组组件集合。在本部分中，我们需要重点学习防火墙的常用技术等。如若单纯阅读教材上的内容有困难，我们还可以通过观看视频《方法：防火墙技术》来加深理解，然后完成在线学习活动 11。

一、防火墙概述

（一）防火墙的概念

防火墙是指由软件和硬件设备组合而成、在内部网和外部网之间、专用网与公共网之间的界面上构造的保护屏障，是一种获取安全性方法的形象说法。防火墙使 Internet 与 Intranet 之间建立起一个安全网关（Security Gateway），从而保护内部网免受非法用户的侵入。防火墙主要由服务访问规则、验证工具、包过滤和应用网关 4 个部分组成。安装了防火墙的计算机流入流出的所有网络通信和数据包均要经过此防火墙。防火墙的工作如图 4－2 所示。

在网络中，防火墙是指一种将内部网和公众访问网分开的方法，它实际上是一种隔离技术。防火墙是在两个网络通信时执行的一种访问控制尺度，它能允许你“同意”的人和数据进入你的网络，同时将你“不同意”的人和数据拒之门外，最大限度地阻止网络中的黑客来访问你的网络。换句话说，如果不通过防火墙，公司内部的人就无法访问 Internet，Internet 上的人也无法和公司内部的人进行通信。

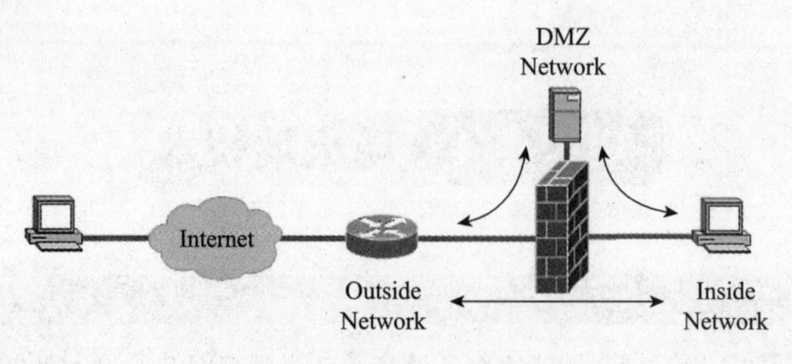

图 4-2　防火墙工作示意图

（二）防火墙的发展历史

1. 第一代防火墙

第一代防火墙技术几乎与路由器同时出现，采用了包过滤（Packet Filter）技术。

2. 第二代防火墙

第一代防火墙技术主要在路由器上实现，后来人们将此安全功能独立出来专门用来实现安全过滤功能。1989 年，贝尔实验室的 Dave Presotto 和 Howard Trickey 推出了第二代防火墙，即电路层防火墙，同时提出了第三代防火墙——应用层防火墙（代理防火墙）的初步结构。

3. 第三代防火墙

代理防火墙的出现使原来从路由器上独立出来的安全软件迅速发展，并引发了对承载安全软件本身的操作系统的安全需求。即对防火墙本身的安全问题的安全需求。

4. 第四代防火墙

1992 年，USC 信息科学院的 Bob Braden 开发出了基于动态包过滤（Dynamic Packet Filter）技术的第四代防火墙，后来演变为所说的状态监视（Stateful Inspection）技术。1994 年，以色列的 Check Point 公司开发出了第一个采用这种技术的商业化的产品。

5. 第五代防火墙

1998 年，NAI 公司推出了一种自适应代理（Adaptive Proxy）技术，并在其产品 Gauntlet Firewall for NT 中得以实现，给代理类型的防火墙赋予了全新的意义，可以称之为第五代防火墙。

（三）防火墙的功能

防火墙可以对流经它的网络通信进行扫描，过滤掉一些攻击，以免其在目标计算机上被执行；可以关闭不使用的端口；可以禁止特定端口的流出通信，封锁特洛伊木马；可以禁止来自特殊站点的访问，从而防止来自不明入侵者的所有通信。具体来讲，防火墙的主要功能如下所述。

1. 网络安全的屏障

一个防火墙（作为阻塞点、控制点）能极大地提高一个内部网络的安全性，并通过过滤不安全的服务而降低风险。

2. 强化网络安全策略

通过以防火墙为中心的安全方案配置，能将所有安全软件（如口令、加密、身份认证、审计等）配置在防火墙上。

3. 监控审计

如果所有的访问都经过防火墙，那么，防火墙就能记录下这些访问并做出日志记录，同时也能提供网络使用情况的统计数据。

4. 防止内部信息的外泄

通过利用防火墙对内部网络的划分，可以实现对内部网重点网段的隔离，从而限制局部重点或敏感网络安全问题对全局网络造成的影响。

5. 数据包过滤

防火墙通过读取数据包中的地址信息来判断这些包是否来自可信任的网络，并与预先设定的访问控制规则进行比较，进而确定是否需要对数据包进行处理和操作。

（四）防火墙的特点

1. 防火墙的优点

（1）防火墙能强化安全策略。

（2）防火墙能有效地记录 Internet 上的活动，作为访问的唯一点，防火墙能在被保护的网络和外部网络之间进行记录。

（3）防火墙限制暴露用户点，能够防止影响一个网段的问题通过整个网络传播。

（4）防火墙是一个安全策略的检查站，使可疑的访问被拒之门外。

2. 防火墙的缺点

（1）防火墙可以阻断攻击，但不能消灭攻击源。

（2）防火墙不能抵抗最新的、未设置策略的攻击漏洞。

（3）防火墙的并发连接数限制容易导致拥塞或者溢出。

（4）防火墙对服务器合法开放的端口的攻击大多无法阻止。

（5）防火墙对待内部主动发起连接的攻击一般无法阻止。

（6）防火墙本身也会出现问题和受到攻击，依然有着漏洞和 Bug。

（7）防火墙不处理病毒。

二、防火墙技术

防火墙技术有很多，包括包过滤技术、应用层网关技术、状态检测技术、代理服务器技术和网络地址转换技术等，每种都有各自的特点。

（一）包过滤技术

包过滤（Packet Filtering）技术是在网络层对数据包进行选择，选择的依据是系统内设置的过滤逻辑，被称为访问控制表（Access Control Table）。通过检查数据流中每个数据包的源地址、目的地址、所用的端口号、协议状态等因素，或它们的组合来确定是否允许该数据包通过。

包过滤的优点是一个过滤路由器能协助保护整个网络，数据包过滤对用户透明，过滤路由器速度快、效率高；缺点是不能彻底防止地址欺骗，一些应用协议不适合数据包过滤，正常的数据包过滤路由器无法执行某些安全策略。

（二）应用层网关技术

应用层网关（Application Level Gateways）技术是在网络应用层上建立协议过滤和转发功能。它针对特定的网络应用服务协议使用指定的数据过滤逻辑，并在过滤的同时，对数据包进行必要的分析、登记和统计，形成报告。

应用代理防火墙工作在OSI（开放系统互联）的第七层，它通过检查所有应用层的信息包，并将检查的内容信息放入决策过程，从而提高网络的安全性。

应用网关防火墙是通过打破客户机/服务器模式实现的。每个客户机/服务器通信需要两个连接：一个是从客户端到防火墙，另一个是从防火墙到服务器。另外，每个代理需要一个不同的应用进程，或一个后台运行的服务程序，对每个新的应用必须添加针对此应用的服务程序，否则不能使用该服务。所以，应用网关防火墙具有可伸缩性差的缺点。

数据包过滤和应用网关防火墙有一个共同的特点，就是它们仅仅依靠特定的逻辑判定是否允许数据包通过。一旦满足逻辑，则防火墙内外的计算机系统建立直接联系，防火墙外部的用户便有可能直接了解防火墙内部的网络结构和运行状态，这有利于实施非法访问和攻击。

（三）状态检测技术

状态检测防火墙工作在OSI的第二层至第四层，采用状态检测包过滤的技术，它是从传统包过滤功能扩展而来的。状态检测防火墙在网络层有一个检查引擎截获数据包并抽取与应用层状态有关的信息，并以此为依据决定对该连接是接受还是拒绝。这种技术提供了高度安全的解决方案，同时具有较好的适应性和扩展性。状态检测防火墙一般也包括一些代理级的服务，它们提供附加的对特定应用程序数据内容的支持。

状态检测防火墙基本保持了简单包过滤防火墙的优点，性能比较好，同时对应用是透明的，在此基础上，对于安全性有了大幅提升。这种防火墙摒弃了简单包过滤防火墙仅仅考察进出网络的数据包、不关心数据包状态的缺点，在防火墙的核心部分建立状态连接表，维护了连接，将进出网络的数据当成一个个事件来处理。主要特点是由于缺乏对应用层协议的深度检测功能，无法彻底识别数据包中大量的垃圾邮件、广告以及木马程序等。

（四）代理服务器技术

代理服务器（Proxy Server）的功能就是代理网络用户去取得网络信息。代理服务器是 Internet 链路级网关所提供的一种重要的安全功能，它的工作主要在 OSI 模型的对话层。代理服务器就好像一个信息的中转站，当主机访问因特网时，不是直接访问，而是通过代理服务器获取因特网的信息。

在一般情况下，我们使用网络浏览器直接去连接其他 Internet 站点取得网络信息时，须送出 Request 信号来得到回答，然后对方再把信息以 Bit 方式传送回来。代理服务器是介于浏览器和 Web 服务器之间的一台服务器，有了它之后，浏览器不是直接到 Web 服务器去取回网页而是向代理服务器发出请求，Request 信号会先送到代理服务器，由代理服务器取回浏览器所需要的信息并传送给你的浏览器。而且，大部分代理服务器都具有缓冲的功能，就好像一个大的 Cache，它有很大的存储空间，它不断将新取得的数据储存到它本机的存储器上，如果浏览器所请求的数据在它本机的存储器上已经存在而且是最新的，那么它就不用重新从 Web 服务器获取数据，而直接将存储器上的数据传送给用户的浏览器，这样就能显著提高浏览速度和效率。

（五）网络地址转换技术

网络地址转换（Network Address Translation, NAT）属于接入广域网（WAN）技术，是一种将私有（保留）地址转化为合法 IP 地址的转换技术，它被广泛应用于各种类型 Internet 接入方式和各种类型的网络中。NAT 不仅完美地解决了 IP 地址不足的问题，而且还能够有效地避免来自网络外部的攻击，隐藏并保护网络内部的计算机。

目前存在以下三种网络地址转换方式。

1. NAT

经常被简记为“NAT”的网络地址转换（有时也叫作“网络地址端口转换”，记作 NAPT），这种方式支持端口的映射并允许多台主机共享一个公用 IP 地址。

2. 静态 NAT

静态 NAT 仅支持地址转换，不支持端口映射，这就需要对每一个当前连接都要对应一个 IP 地址。宽带（Broadband）路由器通常使用这种方式来允许一台指定的计算机去接收所有的外部连接，甚至当路由器本身只有一个可用外部 IP 时也如此，这台路由器有时也被标记为 DMZ 主机。

3. 动态 NAT

动态 NAT 是在外部网络中定义了一系列的合法地址，采用动态分配的方式映射到内部网络。

三、防火墙的体系结构

（一）防火墙主要的体系结构

1. 包过滤型防火墙

包过滤型防火墙是用一个软件查看所流经的数据包的报头（Header），由此决定整个包的命运。它可能会决定丢弃（Drop）这个包，可能会决定接受（Accept）这个包（让这个包通过），也可能执行其他更复杂的动作。包过滤型防火墙的工作原理如图 4－3 所示。

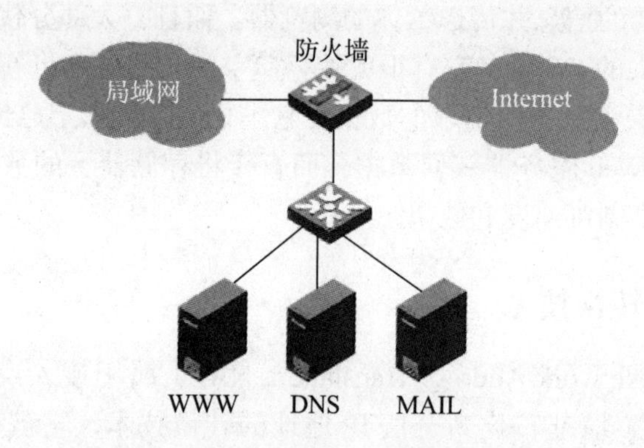

图 4－3　包过滤型防火墙工作原理图

基本过程简述如下：

（1）包过滤规则必须被包过滤设备端口存储起来。

（2）当包到达端口时，对包报头进行语法分析。大多数包过滤设备只检查 IP、TCP、或 UDP 报头中的字段。

（3）包过滤规则以特殊的方式存储。应用于包的规则的顺序与包过滤器规则存储顺序必须相同。

（4）若一条规则阻止包传输或接收，则此包便不被允许。

（5）若一条规则允许包传输或接收，则此包便可以被继续处理。

（6）若包不满足任何一条规则，则此包便被阻塞。

2. 双宿 / 多宿主机防火墙

双重宿主主机体系结构围绕双重宿主主机构筑。双重宿主主机至少有两个网络接口。这样的主机可以充当与这些接口相连的网络之间的路由器，它能够从一个网络到另外一个网络发送 IP 数据包，然而双重宿主主机的防火墙体系结构禁止这种发送。

因此，IP 数据包并不是从一个网络（如外部网络）直接发送到另一个网络（如内部网络）的。外部网络能与双重宿主主机通信，内部网络也能与双重宿主主机通信。但是外部网络与内部网络不能直接通信，它们之间的通信必须经过双重宿主主机的过滤和控制。

3. 被屏蔽主机防火墙

双重宿主主机体系结构防火墙没有使用路由器，而被屏蔽主机体系结构防火墙则使用一个路由器把内部网络和外部网络隔离开。在这种体系结构中，主要的安全由数据包过滤提供（例如，数据包过滤用于防止人们绕过代理服务器直接相连）。

4. 被屏蔽子网防火墙

被屏蔽子网体系结构添加额外的安全层到被屏蔽主机体系结构，即通过添加周边网络更进一步地把内部网络和外部网络（通常是 Internet）隔离开。被屏蔽子网体系结构的最简单的形式为两个屏蔽路由器，每一个都连接到周边网。

一个位于周边网与内部网络之间，另一个位于周边网与外部网络（通常为 Internet）之间。这样就在内部网络与外部网络之间形成了一个“隔离带”。为了侵入用这种体系结构构筑的内部网络，侵袭者必须通过两个路由器。即使侵袭者侵入堡垒主机，他将仍然必须通过内部路由器。

（二）防火墙主要的体系结构的优缺点

1. 包过滤型防火墙的优缺点

（1）优点：处理数据包的速度较快（与代理服务器相比）；实现包过滤几乎不再需要费用；包过滤路由器对用户和应用来说是透明的。

（2）缺点：包过滤防火墙的维护较困难；只能阻止一种类型的 IP 欺骗；任何直接经过路由器的数据包都有被用作数据驱动式攻击的潜在危险，一些包过滤路由器不支持有效的用户认证，仅通过 IP 地址来判断是不安全的；不能提供有用的日志或者根本不能提供日志；随着过滤器数目的增加，路由器的吞吐量会下降；IP 包过滤器可能无法对网络上流动的信息提供全面的控制。

2. 双宿 / 多宿主机防火墙

（1）优点：可以将被保护的网络内部结构屏蔽起来，增强网络的安全性；可用于实施较强的数据流监控、过滤、记录和报告等。

（2）缺点：使访问速度变慢；提供服务相对滞后或者无法提供。

3. 被屏蔽主机防火墙

（1）优点：其提供的安全等级比包过滤防火墙系统要高，实现了网络层安全（包过滤）和应用层安全（代理服务）；入侵者在破坏内部网络的安全性之前，必须首先渗透两种不同的安全系统，安全性更高。

（2）缺点：路由器不被正常路由。

4. 被屏蔽子网防火墙

（1）优点：安全性高，若入侵者试图破坏防火墙，他必须重新配置连接三个网的路由，既不切断连接，同时又不使自己被发现，难度系数高。

（2）缺点：不能防御内部攻击者，来自内部的攻击者是从网络内部发起攻击的，他们的所有攻击行为都不通过防火墙；不能防御绕过防火墙的攻击；不能防御完全新的威胁（防火墙被用来防备已知的威胁）；不能防御数据驱动的攻击（防火墙不能防御基于数据驱动的攻击）。

练一练

单项选择题

下列不属于防火墙核心技术的是（　　）。

A. 包过滤技术

B. 状态检测技术

C. 应用代理技术

D. 日志审计

【**解析**】本题正确答案为 D。

学完上述内容以后，大家应该知道防火墙是信息安全中的重要技术。在本部分中，如果你能够说出防火墙的核心技术，那么，恭喜你，你已经掌握了本部分的知识。请认真完成在线学习活动 11，它将有助于你更好地巩固本部分的相关内容。

知识点 2　入侵检测技术

学前思考 2：

随着黑客攻击技术日渐发展，暴露出来的系统漏洞越来越多，使用各种加固技术和防火墙技术已经无法满足安全性的要求，那么我们该使用什么技术来维护网络安全呢？

本节知识重点

学习提示：根据知识点 1 的学习，我们知道防火墙可以防范部分攻击，但是防火墙技术存在局限性。接下来，我们将继续学习入侵检测技术，请大家观看视频《方法：入侵检测技术》，加深对该部分内容的理解，然后完成在线学习活动 12。

入侵检测技术是为保证计算机系统的安全而设计与配置的一种能够及时发现并报告系统中未授权或异常现象的技术，在本部分中我们需要着重学习入侵检测技术的概念、作用、分类和常用技术等。

一、入侵检测概述

（一）入侵检测的概念

入侵检测技术是为保证计算机系统的安全而设计与配置的一种能够及时发现并报告系统中未授权或异常现象的技术，是一种用于检测计算机网络中违反安全策略行为的技术。进行入侵检测的软件与硬件的组合便是入侵检测系统（Intrusion Detection System，IDS）。入侵检测系统可以被定义为对计算机和网络资源的恶意使用行为进行识别和相应处理的系统。

一个基本的入侵检测系统需要解决两个问题：一是如何充分并可靠地提取描述行为特征的数据；二是如何根据特征数据，高效并准确地判定行为的性质。

（二）入侵检测的历史

入侵检测技术研究最早可追溯到1980年，James Anderson所写的一份技术报告首先提出了入侵检测的概念。

1987年Dorothy Denning提出了经典的入侵检测系统的抽象模型，首次提出了入侵检测可以作为一种计算机系统安全防御措施的概念，与传统的加密和访问控制技术相比，IDS是全新的计算机安全措施。

1990年，Heberlein等人提出了一个具有里程碑意义的新型概念：基于网络的入侵检测——网络安全监视器（Network Security Monitor, NSM）。由此，入侵检测系统分化为两个基本类型：基于网络的IDS和基于主机的IDS。

近年来，入侵检测技术研究的主要创新有：Forrest等将免疫学原理运用于分布式入侵检测领域；1998年Ross Anderson和Abida Khattak将信息检索技术引进入侵检测；以及采用状态转换分析、数据挖掘和遗传算法等进行误用和异常检测。

（三）入侵检测系统的分类

由于功能和体系结构的复杂性，入侵检测系统按照不同的标准有多种分类方法。

1. 基于检测理论的分类

（1）异常检测模型：指根据使用者的行为或资源使用状况的正常程度来判断是否入侵，而不依赖于具体行为是否出现来检测。

（2）误用检测模型：指运用已知攻击方法，根据已定义好的入侵模式，通过判断这些入侵模式是否出现来检测。

2. 基于数据源的分类

（1）基于主机的IDS：系统分析的数据是计算机操作系统的事件日志，应用程序的事件日志，系统调用、端口调用和安全审计记录。主机型入侵检测系统保护的一般是所在的主机系统，是由代理（Agent）来实现的。代理是运行在目标主机上的小的可执行程序，它们与命令控制台（Console）通信。

（2）基于网络的 IDS：系统分析的数据是网络上的数据包。网络型入侵检测系统担负着保护整个网段的任务，基于网络的入侵检测系统由遍及网络的传感器（Sensor）组成，传感器是一台将以太网卡置于混杂模式的计算机，用于嗅探网络上的数据包。

（3）混合型的 IDS：基于网络和基于主机的入侵检测系统都有不足之处，会造成防御体系的不全面，综合了基于网络和基于主机的混合型入侵检测系统既可以发现网络中的攻击信息，也可以从系统日志中发现异常情况。

二、入侵检测技术

（一）异常检测技术

异常检测（Anomaly Detection），也称基于行为的检测，是指根据使用者的行为或资源使用情况来判断是否发生了入侵，而不依赖于具体行为是否出现来检测。该技术首先假设网络攻击行为是不常见的或是异常的，区别于所有正常行为。如果能够为用户和系统的所有正常行为总结活动规律并建立行为模型，那么入侵检测系统可以将当前捕获到的网络行为与行为模型相对比，若入侵行为偏离了正常的行为轨迹，就可以被检测出来。例如，系统把用户早六点到晚八点登录公司服务器定义为正常行为，若发现有用户在晚八点到早六点之间（如凌晨一点）登录公司服务器，则把该行为标识为异常行为。异常检测试图用定量方式描述常规的或可接受的行为，从而区别非常规的、潜在的攻击行为。

该技术的前提条件是入侵活动是异常活动的一个子集，理想的情况是：异常活动集与入侵活动集相等。但事实上，二者并不总是相等的，有以下四种可能性：

（1）是入侵但非异常。

（2）非入侵但表现异常。

（3）非入侵且非异常。

（4）是入侵且异常。

异常检测技术主要包括以下几种方法。

1. 用户行为概率统计模型

这种方法是产品化的入侵检测系统中常用的方法，它是基于对用户历史行为建模以及在早期的证据或模型的基础上，审计系统的被检测用户对系统的使用情况，然后根据系统内部保存的用户行为概率统计模型进行检测，并将那些与正常活动之间存在较大统计偏差的活动标识为异常活动。它能够学习主体的日常行为，根据每个用户以前的历史行为，生成每个用户的历史行为记录库，当用户行为与历史行为习惯不一致时，就会被视为异常。

在统计方法中，需要解决以下四个问题：

（1）选取有效的统计数据测量点，生成能够反映主体特征的会话向量。

（2）根据主体活动产生的审计记录，不断更新当前主体活动的会话向量。

（3）采用统计方法分析数据，判断当前活动是否符合主体的历史行为特征。

（4）随着时间变化，学习主体的行为特征，更新历史记录。

2. 预测模式生成

这种方法基于如下假设：审计事件的序列不是随机的，而是符合可识别的模式的。与纯粹的统计方法相比，它增加了对事件顺序与相互关系的分析，从而能检测出统计方法所不能检测的异常事件。这一方法首先根据已有的事件集合按时间顺序归纳出一系列规则，在归纳过程中，随着新事件的加入，它可以不断改变规则集合，最终得到的规则能够准确地预测下一步要发生的事件。

3. 神经网络

通过训练神经网络，使之能够在给定前 n 个动作或命令的前提下预测出用户下一个动作或命令。网络经过用户常用的命令集的训练，经过一段时间后，便可根据网络中已存在的用户特征文件，来匹配真实的命令。任何不匹配的预测事件或命令，都将被视为异常行为而被检测出来。

该方法的优点是：能够很好地处理噪音数据，并不依赖于对所处理的数据的统计假设，不用考虑如何选择特征向量的问题，容易适应新的用户群。

该方法的缺点是：命令窗口的选择不当容易造成误报和漏报；网络的拓扑结构不易确定；入侵者能够训练该网络来适应入侵。

（二）误用检测技术

误用检测（Misuse Detection），也称基于知识的检测，它是指运用已知攻击方法，根据已定义好的入侵模式，通过判断这些入侵模式是否出现来检测。它通过分析入侵过程的特征、条件、排列以及事件间的关系来描述入侵行为的迹象。误用检测技术首先要定义违背安全策略事件的特征，判别所搜集到的数据特征是否在所搜集到的入侵模式库中出现。这种方法与大部分杀毒软件采用的特征码匹配原理类似。

该技术的前提是假设所有的网络攻击行为和方法都具有一定的模式或特征，如果把以往发现的所有网络攻击的特征总结出来并建立一个入侵信息库，那么将当前捕获到的网络行为特征与入侵信息库中的特征信息相比较，如果匹配，则当前行为就被认定为入侵行为。

该技术主要包括以下几种方法。

1. 专家系统

用专家系统对入侵进行检测，经常是针对有特征的入侵行为。该技术根据安全专家对可疑行为的分析经验来形成一套推理规则，然后在此基础上建立相应的专家系统，由此专家系统自动对所涉及入侵行为进行分析。所谓规则，即知识，专家系统的建立依赖于知识库的完备性，知识库的完备性又取决于审计记录的完备性与实时性。因此，该方法应当能够随着经验的积累而利用其自学能力进行规则的扩充和修正。

2. 模型推理

入侵者在攻击一个系统时往往采用一定的行为序列，如猜测口令的行为序列，这种行为序列构成了具有一定行为特征的模型。该技术根据入侵者在进行入侵时所执行的某些行为程序的特征，建立一种入侵行为模型，并根据这种模型所代表的入侵意图的行为特征，来判断用户执行的操作是否属于入侵行为。该方法也是建立在对当前已知的入侵行为程序的基础之上的，对未知的入侵方法所执行的行为程序的模型识别需要进一步的学习和扩展。与专家系统通常放弃处理那些不确定的中间结论的缺点相比，这一方法的优点在于它基于完善的不确定性推理的数学理论。

3. 状态转换分析

状态转换法将入侵过程看作一个行为序列，这个行为序列导致系统从初始状态转入被入侵状态。该方法首先针对每一种入侵方法确定系统的初始状态和被入侵状态，以及导致状态转换的条件，即导致系统进入被入侵状态必须执行的操作（特征事件）。然后用状态转换图来表示每一个状态和特征事件。当分析审计事件时，若根据对应的条件布尔表达式系统从安全状态转移到不安全的状态，则把该事件标记为入侵事件。系统通过对事件序列进行分析来判断入侵是否发生。

4. 模式匹配

该方法将已知的入侵特征编码成与审计记录相符合的模式，并通过将新的审计事件与已知入侵模式相比较来判断是否发生了入侵。当新的审计事件产生时，该方法将寻找与它相匹配的已知入侵模式。如果找到，则意味着发生了入侵。

5. 键盘监控

该方法假设入侵对应特定的击键序列模式，通过监测用户击键模式，并将这一模式与入侵模式进行匹配来检测入侵。其缺点是：在没有操作系统支持的情况下，缺少捕获用户击键的可靠方法，存在无数击键方式表示同一种攻击。而且，用户注册的 shell 提供了简写命令序列工具，可产生所谓的别名，类似宏定义。因为这种技术仅仅分析击键，所以不能检测到恶意程序只执行结果的自动攻击。

（三）其他检测技术

近年来，随着网络及其安全技术的飞速发展，一些新的入侵检测技术相继出现。这些技术不能简单地归类为误用检测或异常检测，而是提供了一种有别于传统入侵检测视角的技术层次，它们或者提供了更具普遍意义的分析技术，或者提出了新的检测系统架构，因此无论对于误用检测还是异常检测来说，都可以得到很好的应用。主要包括：

1. 神经网络

作为人工智能（AI）的一个重要分支，神经网络（Neural Network）在入侵检测领域得到了很好的应用，神经网络是实现异常检测技术的关键技术，它使用自适应学习技术来提取异常行为的特征，需要对训练数据集进行学习以得出正常的行为模式。这种方法要求保证用于学习正常模式的训练数据的纯洁性，即不包含任何入侵或异常的用户行为。但是它也可以实现误用检测，解决非线性特征的攻击活动，还可以提高检测系统的准确性和效率。

2. 免疫学方法

Stephanie Forrest 提出了将生物免疫机制引入计算机系统的安全保护框架中。免疫系统中最基本也是最重要的能力是识别“自我 / 非自我”（Self/Nonself），换句话讲，它能够识别哪些组织是属于正常机体的，不属于正常的就认为是异常，这个概念和入侵检测中异常检测的概念非常相似。

3. 数据挖掘方法

Wenke Lee 提出了将数据挖掘（Data Mining, DM）技术应用到入侵检测中，通过对网络数据和主机系统调用数据的分析挖掘，发现误用检测规则或异常检测模型。具体的工作包括利用数据挖掘中的关联算法和序列挖掘算法提取用户的行为模式，利用分类算法对用户行为和特权程序的系统调用进行分类预测。实验结果表明，这种方法在入侵检测领域有很好的应用前景。

4. 基因算法

基因算法是进化算法（Evolutionary Algorithms, EAs）的一种，它引入了达尔文在进化论中提出的自然选择的概念（优胜劣汰、适者生存）对系统进行优化。该算法对于处理多维系统的优化是非常有效的。在基因算法的研究人员看来，入侵检测的过程可以抽象为：为审计事件记录定义一种向量表示形式，这种向量或者对应于攻击行为，或者代表正常行为。

练一练

单项选择题

按照检测数据的来源可将入侵检测系统（IDS）分为（　　）。

A. 基于主机的 IDS 和基于网络的 IDS

B. 基于主机的 IDS 和基于域控制器的 IDS

C. 基于服务器的 IDS 和基于域控制器的 IDS

D. 基于浏览器的 IDS 和基于网络的 IDS

【解析】本题正确答案为 A。

学完上述内容以后，大家应该知道入侵检测系统是一种积极主动的网络安全技术，因此可以称入侵检测系统为防火墙之后的第二道安全闸门。

在本部分中，如果你已熟知入侵检测技术的优势和常用技术，那么，恭喜你，你已经掌握了本部分的知识。请认真完成在线学习活动 12，它将有助于你更好地巩固本部分的相关内容。

知识点 3 VPN 技术

学前思考 3：

公司内部使用内部局域网传递信息，但是当员工出差的时候，他又必须异地连接公司内部网络，这该怎么解决？

本节知识重点

学习提示：根据知识点 2 的学习，我们知道入侵检测技术可以检测来自网络外部的入侵行为。接下来，我们将学习 VPN 技术，之后请大家观看视频《方法：VPN 技术》，加深对该部分内容的理解，然后完成在线学习活动 13。

随着网络技术的发展，计算机网络的安全保密问题日益严峻。VPN 技术对于解决当前网络通信、资源共享所面临的威胁和提高网络通信的保密性、安全性具有重要的现实意义。

一、VPN 概述

（一）VPN 的概念

VPN 的英文全称是“Virtual Private Network”，翻译过来就是“虚拟专用网络”。VPN 虚拟专用网被定义为通过一个公用网络（通常是因特网）建立一个临时的、安全的连接，是一条穿过混乱的公用网络的安全、稳定的隧道。

之所以称为虚拟网主要是因为整个 VPN 网络的任意两个节点之间的连接并没有传统专网所需的端到端的物理链路，而是架构在公用网络服务商所提供的网络平台（如 Internet, ATM, Frame Relay 等）之上的逻辑网络，用户数据在逻辑链路中传输。图 4－4 是 VPN 的基本功能。

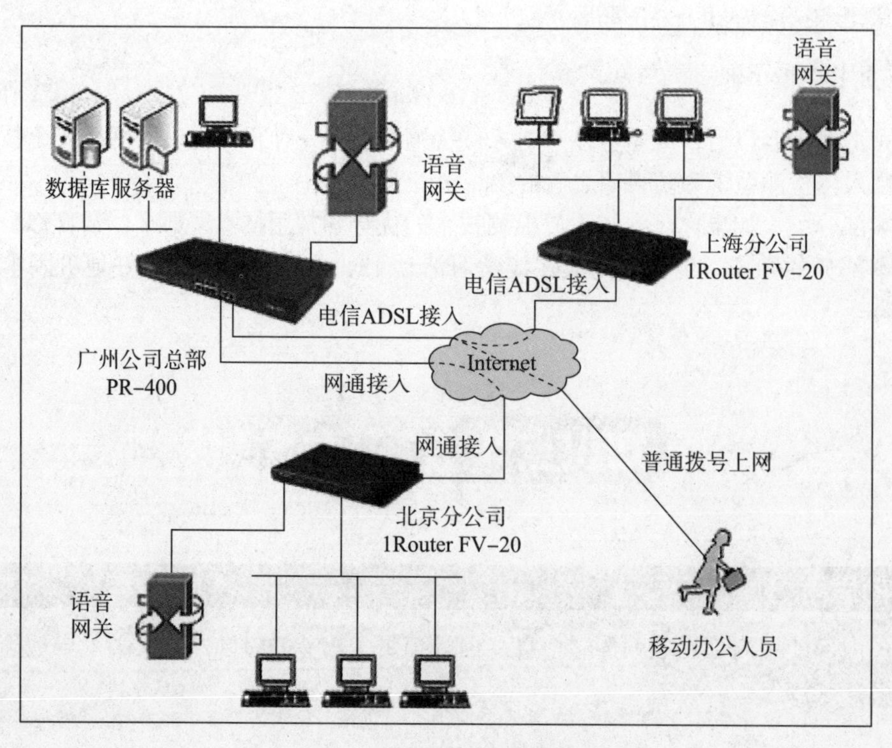

图 4－4　VPN 基本功能图

（二）VPN 的优点

总的来说，VPN 有以下几个优点。

1. 网络安全性

VPN 利用隧道、加密、密钥管理、数据包认证、用户认证、访问控制等技术来保证通信的安全性。

2. 简化网络设计、降低成本

借助 ISP 来建立 VPN，可以节省大量的通信费用。此外，VPN 还使企业不必投入大量的人力和物力去安装和维护 WAN 设备和远程访问设备。这些工作都由 ISP 负责完成。

3. 容易扩展

如果采用专线连接，当准备扩展时，网络结构趋于复杂，费用昂贵。如果用户想扩大 VPN 的容量和覆盖范围，需要做的事情很少，而且能即时实现。

4. 多协议支持

VPN 可以支持各种高级应用，如 IP 语音、IP 传真，还有各种协议，如 IPv6、MPLS 等。

（三）VPN 的分类

VPN 根据应用领域分为三类：远程接入 VPN（Access VPN）、内联网 VPN（Intranet VPN）、外联网 VPN（Extranet VPN）。

1. Access VPN

客户端到网关，使用公网作为骨干网在设备之间传输 VPN 数据流量。

Access VPN 适用于公司内部经常有流动人员远程办公的情况。最适用于用户从离散的地点访问固定的网络资源，如从住所访问办公室内的资源；技术支持人员从客户网络内访问公司的数据库查询调试参数；纳税企业从本企业内接入互联网并通过 VPN 进入当地税务管理部门进行网上税金缴纳。出差员工从外地旅店存取企业网数据，利用当地 ISP 提供的 VPN 服务，就可以和公司的 VPN 网关建立私有的隧道连接。RADIUS 服务器可对员工进行验证和授权，保证连接的安全，远程访问 VPN 可以完全替代以往昂贵的远程拨号接入，并加强了数据安全，同时负担的电话费用大大降低。若商家想要提供 B2C 的安全访问服务时，也可以考虑 Access VPN。

Access VPN 包括能随时使用如模拟拨号 Modem、ISDN、数字用户线路（xDSL）、无线上网和有线电视电缆等拨号技术，安全地连接移动用户、远程工作者或分支机构。

2. Intranet VPN

网关到网关，通过公司的网络架构连接来自同公司的资源。

Intranet VPN 服务即企业的总部与分支机构间通过 VPN 虚拟网进行网络连接。随着企业的跨地区、国际化经营，这是绝大多数大、中型企业所必需的。如果要进行企业内部各分支机构的互联，使用 Intranet VPN 是很好的方式。这种 VPN 是通过公用因特网或者第三方专用网进行连接的，有条件的企业可以采用光纤作为传输介质。它的特点就是容易建立连接、连接速度快，最大特点就是它为各分支机构提供了整个网络的访问权限。

3. Extranet VPN

与合作伙伴企业网构成 Extranet，将一个公司与另一个公司的资源进行连接。

Extranet VPN 服务即企业间发生收购、兼并或企业间建立战略联盟后，使不同企业网通过公网来构筑的虚拟网。如果是需要提供 B2B 电子商务之间的安全访问服务，则可以考虑选用 Extranet VPN。

Extranet VPN 服务对用户的吸引力在于：能容易地对外部网进行部署和管理，外部网的连接可以使用与部署内部网和远端访问 VPN 相同的架构和协议进行部署。主要的不同是接入许可，外部网的用户被许可只有一次机会连接到其合作人的网络，并且只拥有部分网络资源访问权限，这要求企业用户对各外部用户进行相应访问权限的设定。

二、VPN 关键技术

（一）隧道技术

隧道技术是 VPN 的基本技术，是一种通过使用互联网络的基础设施在网络之间传递数据的方式。使用隧道传递的数据（或负载）可以是不同协议的数据帧或包。隧道协议将其他协议的数据帧或包重新封装然后通过隧道发送。新的帧头提供路由信息，以便通过互联网传递被封装的负载数据。

隧道技术可以分别以第二层或第三层隧道协议为基础。

第二层隧道协议对应 OSI 模型中的数据链路层，使用帧作为数据交换单位。PPTP、L2TP 和 L2F（第二层转发）都属于第二层隧道协议，都是将数据封装在点对点协议（PPP）帧中通过互联网络发送。

第三层隧道协议对应 OSI 模型中的网络层，使用包作为数据交换单位。IP over IP 以及 IPSec 隧道模式都属于第三层隧道协议，都是将 IP 包封装在附加的 IP 报头中通过 IP 网络传送。

（二）加解密技术

加密技术对 VPN 来说是非常重要的技术。信息加密体制包括对称加密体制和非对称加密体制，实际应用中通常是融合二者的混合加密技术。非对称加密技术（公开密钥）多用于认证、数字签名以及安全传输会话秘钥等场合，对称加密技术则用于大量传输数据的加密和完整性保护。

在 VPN 解决方案中最普遍使用的对称加密算法主要有 DES、3DES、AES、RC4、RC5 和 IDEA 等算法；普遍使用的非对称加密算法主要有 RSA、Diffie-Hellman 和椭圆曲线加密等。

当VPN封闭在特定的ISP内并且该ISP能够保证VPN路由及安全性时，攻击者不大可能窃取数据，因此可以不采用加密技术。

（三）密钥管理技术

密钥管理技术的主要任务是如何在公用数据网上安全地传递密钥而不被窃取。VPN中密钥的分发和管理非常重要，密钥的分发有两种方法：通过手工配置、采用密钥交换协议动态分发。

（四）身份认证技术

在VPN用户访问网络资源之前，以及管理员对VPN系统进行管理之前，都需要首先进行身份的认证。VPN中常用的身份认证技术有以下三种：安全口令、PPP认证协议、使用认证机制的协议。

1. 安全口令

我们经常使用口令来认证用户和设备，为了避免口令被攻破，通常采取安全口令卡等方案，在用户每次登录账户进行相应操作时，需要出示口令卡上的矩阵数字或者字母，方可进行登录。多用于网上银行交易，出于安全考虑，口令卡仅限本人使用。

2. PPP认证协议

PPP（点到点协议）是为在同等单元之间传输数据包这样的简单链路设计的链路层协议。这种链路提供全双工操作，并按照顺序传递数据包。设计目的主要是用来通过拨号或专线方式建立点对点连接发送数据，使其成为各种主机、网桥和路由器之间简单连接的一种共通的解决方案。

3. 使用认证机制的协议

在VPN环境中经常使用TACACS+和RADIUS协议，它们提供可升级的认证数据库，并采用不同的认证方法

三、VPN隧道协议

对于构建VPN来说，隧道技术是一个关键技术。它用来在公共网络中建立一条点到点的通路，实现两个节点间的安全通信，使数据包在公共网络上的专用隧道内传输。

隧道协议存在多种可能的实现方式，按照工作的层次，可分为两类：一类是二层隧道协议，用于传输二层网络协议，它主要应用于构建远程接入VPN；另一类是三层隧道协议，用于传输三层网络协议，它主要应用于构建内部网VPN和外联网VPN。

（一）第二层隧道协议

第二层隧道协议建立在点到点协议的基础上，充分利用了PPP支持多协议的特性，先把IP协议封装到PPP帧中，再把整个数据帧装入隧道协议。这种双层协议封装方法形成

的数据包依靠第二层（数据链路层）协议进行传输，所以称为第二层隧道协议。第二层隧道协议主要有以下几种。

1. 点到点隧道协议

点到点隧道协议（Point-To-Point Tunneling Protocol, PPP）由微软、Ascend 和 3COM 等公司支持，在 Windows NT4.0 以上版本中支持。该协议支持 PPP 协议在 IP 网络上的隧道封装，PPTP 作为一个呼叫控制和管理协议，使用一种增强的通用路由封装（Generic Routing Encapsulation, GRE）技术为传输的 PPP 报文提供流控和拥塞控制的封装服务。

2. 第二层转发协议

第二层转发协议，也称为 L2F（Layer 2 Forwarding）协议，用于建立跨越公共网络（如因特网）的安全隧道，将 ISP POP 连接到企业内部网关。这个隧道建立了一个用户与企业客户网络间的虚拟点对点连接。L2F 协议支持对更高级协议链路层的隧道封装，实现了拨号服务器和拨号协议连接在物理位置上的分离。

3. 第二层隧道协议

第二层隧道协议 L2TP（Layer 2 Tunneling Protocol），由 IETF 起草，微软等公司参与，结合了上述两个协议的优点，为众多公司所接受，并且已经成为 RFC 标准。L2TP 既可用于实现拨号 VPN 业务，也可用于实现专线 VPN 业务。L2TP 扩展了 PPP 模型，允许第二层和 PPP 终点处于不同的由包交换网络相互连接的设备。通过 L2TP，用户在第二层连接到一个访问集中器（如：调制解调器池、ADSL、DSLAM 等），然后这个集中器将单独得到的 PPP 帧隧道到 NAS。这样,可以把 PPP 包的实际处理过程与 L2 连接的终点分离开来。

在以上介绍的 3 种协议之中，L2TP 协议结合了前两种协议的优点，具有更优越的特性，得到了越来越多的组织和公司的支持。它也是目前使用最广泛的 VPN 二层隧道协议。

（二）第三层隧道协议

第三层隧道协议是用公用网来封装和传输三层（网路层）协议（如 IP、IPX、AppleTalk 等），此时在隧道内传输的是网路层的分组。在可扩充性、安全性、可靠性方面优于第二层隧道协议。第三层隧道协议主要有以下两种。

1. 通用路由封装协议

通用路由封装协议（Generic Routing Encapsulation, GRE），用于实现任意一种网络层协议在另一种网络层协议上的封装。GRE 规定了如何用一种网络协议去封装另一种网络协议的方法。GRE 的隧道由两端的源 IP 地址和目的 IP 地址来定义，允许用户使用 IP 包封装 IP、IPX、AppleTalk 包，并支持全部的路由协议（如 RIP2、OSPF 等）。通过 GRE，用户可以利用公共 IP 网络连接 IPX 网络、AppleTalk 网络，还可以使用保留地址进行网络互连，或者对公网隐藏企业网的 IP 地址。

2. IPSec（IP Security）协议

Internet 协议安全性（IPSec）是一种开放标准的框架结构，通过使用加密的安全服务以确保在 Internet 协议（IP）网络上进行保密而安全的通信。IPsec 协议工作在 OSI 模型的第三层，使其在单独使用时适于保护基于 TCP 或 UDP 的协议。

IPSec 协议不是一个单独的协议，它给出了 IP 网络上数据安全的一整套体系结构，包括验证报文头（Authentication Header, AH）、封装安全负载（Encapsulating Security PayLoad, ESP）、因特网密钥交换协议（Internet Key Exchange, IKE）等协议。

练一练

单项选择题

VPN 的优点不包括（　　）。

A. 成本较低　B. 结构灵活　C. 管理方便　D. 传输安全

【**解析**】应为通信安全。本题正确答案为 D。

学完上述内容以后，大家应该知道 VPN 是解决用户在异地能够安全地访问本地网络的网络安全技术。

通过学习，如果你能够了解 VPN 的概念、特点、VPN 安全技术，以及第二层、第三层隧道协议，那么，恭喜你，你已经掌握了本部分的知识。请认真完成在线学习活动 13，它将有助于你更好地巩固本部分的相关内容。

到这里，本单元的学习之旅就算告一段落了，请大家认真欣赏沿途的风景，并记得按时完成本单元的作业，然后上传至网络平台中的“本单元作业”处。

拓展阅读

1. 郑连清 . 网络安全概论 . 北京：清华大学出版社，2004.

2. 蒋建春，马恒太，任党恩，等 . 网络安全入侵检测：研究综述 . 软件学报，2000, 11(11): 1460–1466.

3. 王达 . 虚拟专用网（VPN）精解 . 北京：清华大学出版社，2004.

4. 康海燕，樊扬 . 基于 Android 手机智能防火墙的研究与设计 . 北京信息科技大学学报（自然科学版），2014(2): 36–40.

单元小结

本单元主要讲述了防火墙技术、入侵检测系统、VPN 技术。我们学完本单元，应该能够认识到网络安全技术大大提高了信息安全。防火墙指的是一个由软件和硬件设备组合而成，在内部网和外部网之间、专用网与公共网之间的界面上构造的保护屏障；入侵检测技术是为保证计算机系统的安全而设计与配置的一种能够及时发现并报告系统中未授权或异常现象的技术；VPN 可以帮助用户在异地安全地访问本地网络。

以上就是本单元的全部内容，感谢大家的努力，继续保持，加油！

第五单元

密码学基础

Unit

学习导引

同学们好！欢迎你们来到“网络安全与管理”课程的课堂。这门课程将带领我们更好地了解信息安全，了解信息安全给我们带来的影响，以及通过各种手段来防范各类信息安全问题。首先，让我们思考一下，战争时期该如何安全地传递情报？情报的安全传递不仅需要情报人员，情报在传递过程中也需要严格加密。如何让情报更加安全？在现实生活中如何让个人隐私更加安全呢？在这里，我们先不做更多的解释，请你们带着疑问，共同进入本单元的主题！

在本单元，我们将共同学习密码学概述、古典密码、对称密码、非对称密码等内容。学完之后，相信你对密码将会有一个全新的认识，你甚至可以为自己的各种账号设置安全的密码。

在本单元的学习之旅中，需要你们认真学习本单元的内容，观看教学视频，完成在线学习活动以及作业。只有按照要求完成上述所有环节的内容，你才算完成了本单元的学习任务。

学习目标

学完本单元内容之后，你将能够：

（1）了解密码学的发展历史；

（2）阐释密码学的基本概念、基本类型和分类；

（3）了解古典密码、对称密码、非对称密码的特点；

（4）了解针对密码的各种攻击方式。

接下来，让我们开始学习本单元的内容吧。首先，我们来熟悉一下本单元内容的整体框架。

知识结构图

图 5-1 是本单元内容的整体框架以及学习这部分内容的思维过程规划。此图可以帮助大家从整体上了解本单元的知识结构和学习路径，包括密码学概述、古典密码、对称密码、非对称密码。请大家仔细品读和理解，帮助自己建立对本部分知识的整体印象。

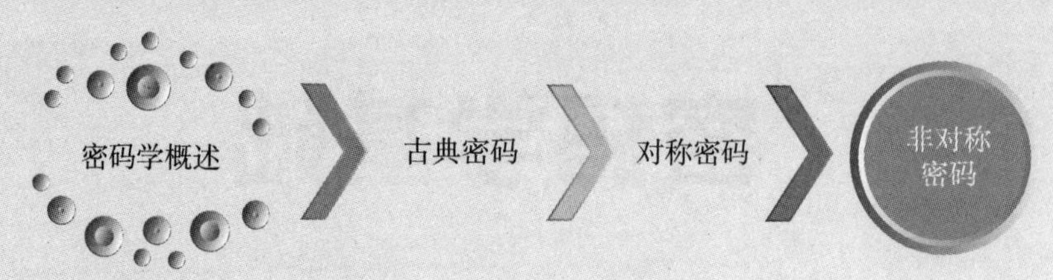

图 5-1　本单元知识结构图

看完上面的知识结构图后，大家是否已经对本单元所要学的内容以及如何学习这些内容，有一个初步的整体印象了呢？接下来，我们将在知识结构图的指引下逐一学习每个知识点的具体内容。我们需要在理解密码学的基础上，重点学习古典密码、对称密码、非对称密码。请在学习后，结合生活经验和对相关问题的认识，将理论与实践相结合。

知识点 1　密码学概述

学前思考 1：

身处异国的大使要向自己的政府汇报高度机密的信息，却只能通过两国之间的公共邮政系统来传递；而各国的情报机构又肆无忌惮地拆看着别国的外交邮件。为此，外交官们不得不绞尽脑汁使用各种复杂的加密方法来写信；同时，情报机关也在费尽心机破解这些信。在第一次世界大战期间，英国成立了一个专门小组，代号为“40 号房间”，他们破译了约 15 000 份德国密电，使得英国海军在与德国海军的交战中屡次占得先机并取得胜利。

请你参考更多资料，思考一下，密码源于何时，密码有何作用。

你想好了吗？让我们带着问题学习以下内容吧。

本节知识重点

学习提示：密码学是研究编制密码和破译密码的技术科学。在本部分中，我们需要重点关注密码学的发展历史、基本概念、基本类型、攻击方式等。如若单纯阅读教材上的内容有困难，我们还可以通过观看视频《主题案例分析：密码学概述》来加深理解，然后完成在线学习活动 14。接下来，让我们一起认真学习密码学概论等相关内容。

一、密码学的发展历史

源于应用的无穷需求总是推动技术发明和进步的直接动力。存于石刻或史书中的记载表明，许多古代文明，包括埃及人、希伯来人、亚述人都在实践中逐步发明了密码系统。从某种意义上说，战争是科学技术进步的催化剂。人类自从有了战争，就面临着通信安全的需求，密码技术源远流长。

古代加密方法大约起源于公元前 400 年，斯巴达人发明了“斯巴达密码棒”，即把长条纸螺旋形地斜绕在一个多棱棒上，将文字沿棒的水平方向从左到右书写，写一个字旋转一下，写完一行再另起一行从左到右写，直到写完。解下来后，纸条上的文字信息杂乱无章、无法理解，这就是密文，但将它绕在另一个同等尺寸的棒子上后，就能看到原始的消息。这是最早的密码技术。斯巴达密码棒如图 5 – 2 所示。

图 5－2　斯巴达密码棒

我国古代也早有以藏头诗、藏尾诗、漏格诗及绘画等形式，将要表达的真正意思或“密语”隐藏在诗文或画卷中特定位置的记载，一般人只注意诗或画的表面意境，而不会去注意或很难发现隐藏其中的“话外之音”。

密码学的发展历史大致可划分为三个阶段。

（一）第一阶段——古代到 1949 年

这一时期的密码技术可以说是一种艺术，而不是一门科学。密码学专家常常是凭直觉和信念来进行密码设计和分析的，而不是推理证明。

这一个阶段使用的一些密码体制为古典密码体制，大多数都比较简单而且容易破译，但这些密码的设计原理和分析方法对于理解、设计和分析现代密码是有帮助的。这一阶段的密码主要应用于军事、政治和外交。

最早的古典密码体制主要有单表代换密码体制和多表代换密码体制。这是古典密码中的两种重要体制，曾被广泛地使用。但是在现代计算机技术条件下都是不安全的。

在第一次世界大战后，英国政府发表的两份关于第一次世界大战的文件表明，由于德军的无线电通信被英方截获和破译，使得英国能够系统性地取得德军的加密情报，对取得战场的胜利起到了重要的推动作用。密码机开始被重视。自 1925 年始接下来的十年中，德国军队大约装备了 3 万台 ENIGMA 密码机，使德国在第二次世界大战初期便拥有了可靠的加密系统。ENIGMA 密码机，如图 5－3 所示。

（二）第二阶段——1949 年到 1975 年

1949 年香农发表的《保密系统的信息理论》一文为对称密码系统建立了理论基础，从此密码学成了一门科学。

20 世纪 60 年代以来，计算机和通信系统的普及带动了个人对数字信息保护及各种安全服务的需求。IBM 在 1977 年的研究成果被采纳成为加密非分类信息的美国联邦信息处理标准，即数据加密标准（DES），DES 至今依然是世界范围内许多金融机构进行安全电子商务的标准手段，是迄今为止世界上最为广泛使用和流行的一种分组密码算法。

图 5－3　ENIGMA 密码机

然而，随着计算机硬件的发展及计算能力的提高，DES 已经显得不再安全。美国国家标准技术研究所（NIST）现在已经启用了新的加密标准 AES。

以上这两个阶段所使用的密码体制都被称为对称加密体制，因为这些体制中，加密密钥和解密密钥都是相同的。

（三）第三阶段——1976 年至今

密码学历史上最突出的发展是 1976 年 Diffie 和 Hellman 发表的《密码学的新方向》一文。他们首次证明了在发送端和接收端无密钥传输的保密通信是可能的，从而开创了非对称密码学的新纪元。这篇论文引入了非对称密码学的革命性概念，并提供了一种密钥交换的创造性的方法，其安全性是基于离散对数问题的困难性。

1978 年，Rivest, Shamir 和 Adleman 三人提出了第一个比较完善的实际的非对称加密及签名方案，这就是著名的 RSA 方案。另一类强大而实用的公钥方案在 1985 年由 ElGamal 得到，称作 ElGamal 方案。这个方案在密码协议中被大量应用，它的安全性是基于离散对数问题的。这些非对称密码体制的安全性都是计算上安全的，而不是无条件安全的。而且相对于对称密码体制，非对称密码的运行速度较慢。

非对称密码学所提供的最重要贡献之一是数字签名。数字签名的应用非常广泛。目前来说，除了 RSA、ElGamal 等非对称体制，还有其他的非对称体制，如基于格的 NTRU 体制、基于多元多项式方程组的 HFE 体制等。

密码学发展的第三个阶段是密码学最活跃的阶段，不仅有许多的非对称算法提出，同时对称密钥技术也在飞速发展，而且密码学应用的重点也转到与人们息息相关的问题上。随着信息和网络的迅速发展，相信密码学还会有更多、更新的应用。

二、密码学的基本概念

密码学是研究密码编制、密码破译和密钥管理的一门综合性应用科学。图 5－4 为密码学的传统模型图。

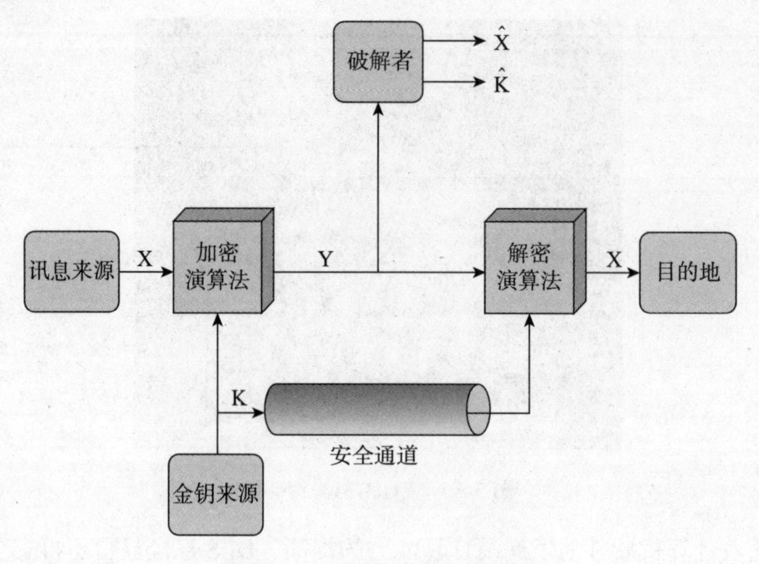

图 5－4　密码学的传统模型图

（一）专业术语

密钥（key）：分为加密密钥和解密密钥。

明文：没有进行加密，能够直接代表原文含义的信息，通常用 m 表示。

密文：经过加密处理之后，隐藏原文含义的信息，通常用 c 表示。

加密（Encryption）：将明文转换成密文的实施过程。

解密（Decryption）：将密文转换成明文的实施过程。

密码算法：密码系统采用的加密方法和解密方法，随着基于数学密码技术的发展，加密方法一般称为加密算法，解密方法一般称为解密算法。

（二）基本功能

数据加密的基本思想是通过变换信息的表示形式来伪装需要保护的敏感信息，使非授权者不能了解被保护信息的内容。网络安全使用密码学来辅助完成在传递敏感信息时的相关问题。数据加密的基本功能包括以下几点。

1. 机密性（Confidentiality）

仅有发送方和指定的接收方能够理解传输的报文内容。窃听者可以截取到加密报文，但不能还原出原来的信息，即不能得到报文内容。

2. 鉴别（Authentication）

发送方和接收方都应该能证实通信过程所涉及的另一方，通信的另一方确实具有他们所声称的身份。即第三者不能冒充与你通信的对方，能对对方的身份进行鉴别。

3. 报文完整性（Message integrity）

即使发送方和接收方可以互相鉴别对方，但他们还需要确保其通信的内容在传输过程中未被改变。

4. 不可否认性（Non-Repudiation）

如果人们收到通信对方的报文后，还要证实报文确实来自所宣称的发送方，发送方也不能在发送报文以后否认自己发送过报文。

三、密码体制

密码体制是指能完整地解决信息安全中的机密性、数据完整性、认证、身份识别、可控性及不可抵赖性等问题中的一个或几个的一个系统。对一个密码体制的正确描述，需要用数学方法清楚地描述其中的各种对象、参数、解决问题所使用的算法等。

（一）基本类型

密码体制的类型如下。

1. 错乱

按照规定的图形和线路，改变明文字母或数码等的位置成为密文。

2. 代替

用一个或多个代替表将明文字母或数码等代替为密文。

3. 密本

用预先编定的字母或数字密码组，代替一定的词组单词等变明文为密文。

4. 加乱

用有限元素组成的一串序列作为乱数，按规定的算法，同明文序列相结合变成密文。

（二）分类

密码体制分为对称密码体制和非对称密码体制。

1. 对称密码体制

对称密码体制是一种传统密码体制，也称为私钥密码体制。在对称密码系统中，加密和解密采用相同的密钥。因为加解密密钥相同，需要通信的双方必须选择和保存他们共同的密钥，各方必须信任对方不会将密钥泄密出去，这样就可以实现数据的机密性和完整性。

对于拥有 n 个用户的网络，需要 $n(n-1)/2$ 个密钥。在用户群不是很大的情况下，对称密码系统是有效的。比较典型的算法有数据加密标准（Data Encryption Standard，DES）算法及其变形三重 DES（Triple DES），广义 DES（GDES）等。

对称密码算法的优点是计算开销小，加密速度快，是目前用于信息加密的主要算法。它的局限性在于它存在着通信的贸易双方之间确保密钥安全交换的问题。此外，某一贸易方有几个贸易关系，它就要维护几个专用密钥。它也没法鉴别贸易发起方或贸易最终方，因为贸易的双方的密钥相同。另外，对称密码系统仅能用于对数据进行加解密处理，提供数据的机密性，不能用于数字签名。

2. 非对称密码体制

非对称密码体制也称为公钥密码技术，该技术就是针对对称密码体制的缺陷被提出来的。非对称密码体制的算法中最著名的是 RSA 系统，此外还有 Diffe–Hellman、Rabin、椭圆曲线、EIGamal 算法等。

在非对称密码系统中，加密和解密是相对独立的，加密和解密会使用两把不同的密钥。加密密钥（公开密钥）向公众公开，谁都可以使用，解密密钥（秘密密钥）只有解密人自己知道。非法使用者根据公开的加密密钥无法推算出解密密钥，故其可称为公钥密码体制。如果一个人选择并公布了他的公钥，另外任何人都可以用这一公钥来加密传送给那个人消息。私钥是秘密保存的，只有私钥的所有者才能利用私钥对密文进行解密。

非对称密钥的密钥管理比较简单，并且可以方便地实现数字签名和验证。但算法复杂，加密数据的速率较低。非对称密码系统不存在对称密码系统中密钥的分配和保存问题。非对称密码系统除了用于数据加密外，还可用于数字签名。

四、密码分析学

（一）攻击类型

根据密码分析者破译时已具备的前提条件，通常人们将密码分析学分为四种。

1. 唯密文攻击

密码分析者掌握足够多的同一个密钥加密的密文。破译目的是求出密钥或明文。

2. 已知明文攻击

密码分析者掌握足够多的同一个密钥加密的明文密文。破译目的是求出其他密文对应的明文或密钥。

3. 选择明文攻击

密码分析者可以任意选择对破译有利的足够多的明文，得到相应的密文。破译目的是求出其他密文对应的明文或密钥。

4. 选择密文攻击

密码分析者可任意选择对攻击有利的密文，得到相应的明文。破译目的是求出其他密文对应的明文或密钥。选择密文攻击更多地用于非对称密码的分析。

（二）解码方法

解码方法有以下四种。

1. 穷举攻击

穷举攻击又称蛮力攻击。这种攻击方法是对截获到的密文尝试所有可能的密钥，直到获得一种从密文到明文的可理解的转换；或使用不变的密钥对所有可能的明文加密直到得到与截获到的密文一致为止，这是最基本的攻击方法。

2. 统计分析攻击

利用明文、密文之间内在的统计规律破译密码。

3. 解析攻击

密码分析者针对密码算法所基于的数学问题，利用数学求解的方法破译密码。这种攻击通常用于对非对称密码的攻击之中。

4. 代数攻击

把破译问题归结为有限域上的某个低次的多元代数方程组求解问题。

学完上面的内容后，你是否对密码学的发展历史、基本概念、基本分类等有了一个清晰的认识呢？

练一练

单项选择题

下列不属于密码的基本功能的是（　　）。

A. 机密性　　B. 鉴别

C. 报文完整性　　D. 模糊性

【解析】密码学的基本功能有机密性、鉴别、报文完整性、不可否认性。本题正确答案为 D。

经过前面的学习，如果你能够了解密码学的发展历史，可以用自己的语言来回答密码学的基本概念、密码体制的分类、攻击方式等，那么恭喜你，你已经较好地掌握了本部分的内容。请记得完成在线学习活动 14。

请你做好本部分的梳理总结，稍做休息，我们继续进行下一个知识点的学习。

知识点 2　古典密码

学前思考 2：

燕青看到墙头卦诗“芦花丛里一扁舟，俊杰俄从此地游，义士若能知此理，反躬难逃可无忧。”认定此诗为藏头诗，四句藏头乃“卢俊义反”。燕青猜测有人要加害卢俊义。卢俊义说卦师告诉他，要想避得此难，需去东南一百里外。燕青想到要去东南一百里，必要经过梁山泊，猜测可能梁山上草寇要调卢俊义出府劫卢府的钱财，或是要骗卢俊义上梁山。卢俊义差遣李固连夜将写了藏头诗的墙拆掉，并将有字的砖头扔入护城河。

这个藏头诗算是什么类型的密码呢，请给出答案！

本节知识重点

学习提示： 根据知识点1的学习，我们知道了密码的发展过程。接下来，我们将学习密码发展的第一阶段——古典密码，之后请大家观看视频《古典密码》，加深对该部分内容的理解，然后完成在线学习活动15。

古典密码编码方法主要有两种，即置换密码和代换密码。

一、置换密码

置换密码是一种通过一定规则改变字符串中字符的顺序从而实现加密的密码算法。常见的是将明文字符串按照 n 个一行形成矩阵，然后再按列读出，矩阵的列数（n）和按列读出的顺序便是密钥。

我们以字符串“hello-my-cipher”为例来演示加密过程：

选择密钥，我们这里使用“4213”作为密钥。该密钥共4位，表示中间结果的矩阵共4列，4213表示按照第四列，第二列，第一列，第三列的顺序读出形成密文列。

生成中间结果矩阵（该行不够4个则用明文中不包含的固定字符填充，这里使用“@”）。

h	e	l	l
o	-	m	y
-	c	i	p
h	e	r	@

按照密钥所示的列顺序读出：lyp@e-ceho-hlmir。至此加密完成。

解密过程即按照密钥所示的长度顺序恢复出矩阵，再按行读取即可。

二、代换密码

代换密码是将明文中的字符替代成其他字符。

（一）单表代换密码

我们以恺撒密码为例来演示加密过程。

恺撒密码的替换方法是通过排列明文和密文字母表，密文字母表示通过将明文字母表向左或向右移动一个固定数目的位置。

例如，当偏移量是左移3的时候（解密时的密钥就是3）：

明文字母表：ABCDEFGHIJKLMNOPQRSTUVWXYZ；

密文字母表：DEFGHIJKLMNOPQRSTUVWXYZABC。

使用时，加密者查找明文字母表中需要加密的消息中的每一个字母所在位置，并且写下密文字母表中对应的字母。需要解密的人则根据事先已知的密钥反过来操作，得到原来的明文。例如：

明文：THE QUICK BROWN FOX JUMPS OVER THE LAZY DOG；

密文：WKH TXLFN EURZQ IRA MXPSV RYHU WKH ODCB GRJ。

（二）多表代换密码

单表代替密码的安全性不高，原因是一个明文字母只由一个密文字母代替，可以利用频率分析来破译。故产生了更为安全的多表代换密码，即构造多个密文字母表，在密钥的控制下用一系列代换表依次对明文消息的字母序列进行代换。

我们以 Playfair 密码为例。

Playfair 密码是把明文中的双字母音节作为一个单元进行两两代换，Playfair 算法基于一个由密钥词组成的 5×5 字母矩阵（字母 I 和 J 当作一个字母）。选择好密钥词后，首先将密钥依次从左到右、从上至下填在矩阵格子中，再将剩余字母按字母顺序依次填满格子。

如密钥 crazy dog，可编制成如下矩阵：

C	D	F	M	T
R	O	H	N	U
A	G	I(J)	P	V
Z	B	K	Q	W
Y	E	L	S	X

其次，整理明文。将明文每两个字母组成一对。如果成对后有两个相同字母紧挨或最后一个字母是单个的，就插入一个字母 X（或者 Q）。

如，communist，应成为 co, mx, mu, ni, st。

最后编写密文。对明文的加密规则如下：

（1）若 p1，p2 在同一行，对应密文 c1，c2 分别是紧靠 p1，p2 右端的字母。其中第一列被看作是最后一列的右方。如，按照前表，CT 对应 DC。

（2）若 p1，p2 在同一列，对应密文 c1，c2 分别是紧靠 p1，p2 下方的字母。其中第一行被看作是最后一行的下方。

（3）若 p1，p2 不在同一行，也不在同一列，则 c1，c2 是由 p1，p2 确定的矩形的其他两角的字母。如，按照前表，WH 对应 KU 或 UK。

如，依照上表，明文 where there is life, there is hope.

可先整理为：WH ER ET HE RE IS LI FE TH ER EI SH OP EX；

然后密文为：KU YO XD OL OY PL FK DL FU YO LG LN NG LY。

将密文变成大写，然后几个字母一组排列。

如 5 个一组就是 KUYOX DOLOY PLFKD LFUYO LGLNN GLY。

Playfair 解密算法首先将密钥填写在一个 5×5 的矩阵中（去 Q 留 Z），矩阵中其他未用到的字母按顺序填在矩阵剩余位置中，根据替换矩阵由密文得到明文。

对密文解密规则如下：

（1）若 c1，c2 在同一行，对应明文 p1，p2 分别是紧靠 c1，c2 左端的字母。其中最后一列被看作是第一列的左方。

（2）若 c1，c2 在同一列，对应明文 p1，p2 分别是紧靠 c1，c2 上方的字母。其中最后一行被看作是第一行的上方。

（3）若 c1，c2 不在同一行，不在同一列，则 p1，p2 是由 c1，c2 确定的矩形的其他两角的字母。

练一练

单项选择题

在以下古典密码体制中，属于置换密码的是（　　）。

A. 移位密码　　B. 倒序密码　　C. 仿射密码　　D. PlayFair 密码

【解析】本题正确答案为 B。

学完上述内容以后，大家应该知道古典密码编码方法主要有两种，即置换密码和代换密码。如果你能够通过恺撒密码加密，那么，恭喜你，你已经掌握了本部分的知识。请认真完成在线学习活动 15，它将有助于你更好地巩固本部分的相关内容。

知识点 3　对称密码

学前思考 3：

自 1925 年始接下来的十年中，德国军队大约装备了 3 万台 ENIGMA 密码机，使德国在第二次世界大战初期拥有了可靠的加密系统。在战争结束之后，学术水平和计算水平有了很大提高，德军的密码机还会起作用吗？

本节知识重点

学习提示：根据知识点 2 的学习，我们学习了古典密码的概念与加密解密方式。可是随着技术的发展，古典密码已经不再符合需求，那我们该采取什么技术呢？接下来，我们将继续学习对称密码，之后请大家观看视频《对称密码》，加深对该部分内容的理解，然后完成在线学习活动 16。

一、对称密码概述

采用单钥密码系统的加密方法，同一个密钥可以同时用作信息的加密和解密，这种加密方法称为对称密码，也称为单密钥密码。由于其速度快，对称性密码通常在消息发送方需要加密大量数据时使用。在对称密码算法中常用的算法有：DES、3DES、TDEA、Blowfish、RC2、RC4、RC5、IDEA、SKIPJACK、AES 等。

下面举例说明对称密码的工作过程。甲和乙是一对生意搭档，他们住在不同的城市。由于生意上的需要，他们经常会相互之间邮寄重要的货物。为了保证货物的安全，他们商定制作一个保险盒，将物品放入其中。他们打造了两把相同的钥匙分别保管，以便在收到包裹时用钥匙打开保险盒，以及在邮寄货物前用钥匙锁上保险盒。上面是一个将重要资源安全传递到目的地的传统方式，只要甲乙小心保管好钥匙，那么就算有人得到保险盒，也无法打开。

这个思想被用到了现代计算机通信的信息加密中。在对称密码中，数据发送方将明文（原始数据）和加密密钥一起经过特殊加密算法处理后，使其变成复杂的加密密文发送出去。接收方收到密文后，若想解读原文，则需要使用加密密钥及相同算法的逆算法对密文进行解密，才能使其恢复成可读明文。在对称密码算法中，使用的密钥只有一个，发收信双方都使用这个密钥对数据进行加密和解密。对称密码原理图，如图 5－5 所示。

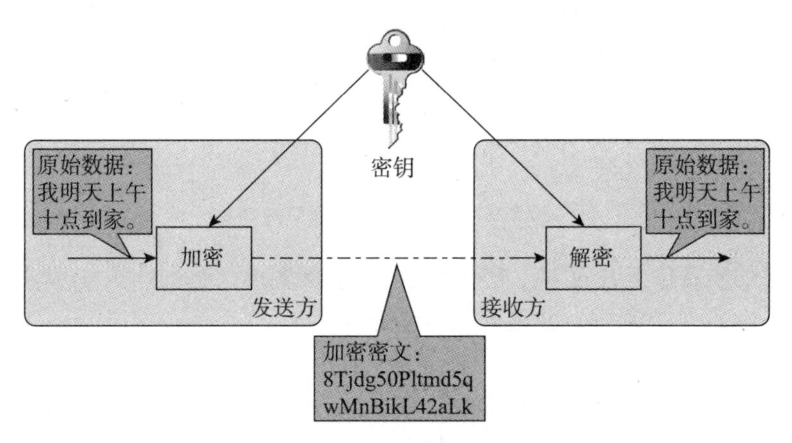

图 5－5　对称密码原理图

加密的安全性不仅取决于加密算法本身，密钥管理的安全性更是重要。因为加密和解密都使用同一个密钥，如何把密钥安全地传递到解密者手上就成了必须要解决的问题。

二、DES 加密算法

DES 全称为 Data Encryption Standard，即数据加密标准，是一种使用密钥加密的块算法。1977 年，DES 加密算法被美国联邦政府的国家标准局确定为联邦资料处理标准（FIPS），并授权在非密级政府通信中使用，随后该算法在国际上广泛流传开来。

DES 设计中使用了分组密码设计的两个原则：混淆（Confusion）和扩散（Diffusion），其目的是抗击敌手对密码系统的统计分析。

DES 算法的入口参数有三个：Key、Data、Mode。其中 Key 为 7 个字节共 56 位，是 DES 算法的工作密钥；Data 为 8 个字节 64 位，是要被加密或被解密的数据；Mode 为 DES 的工作方式，有两种：加密或解密。图 5－6 所示为 DES 加密算法原理图。

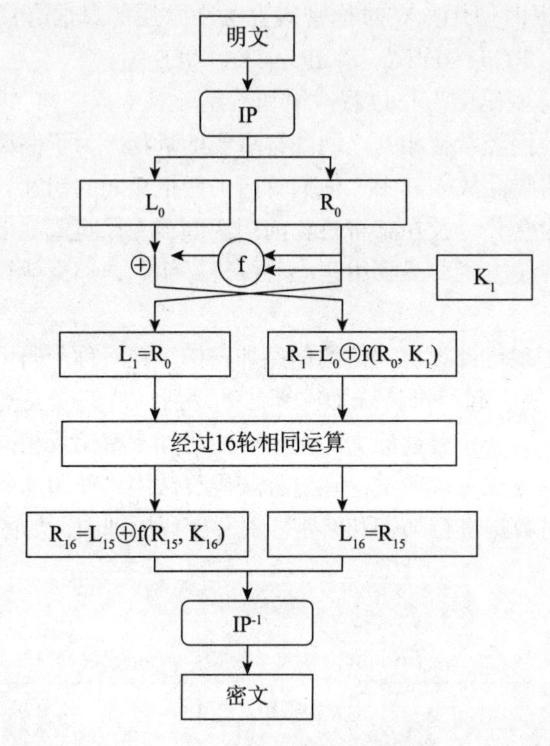

图 5－6　DES 加密算法原理图

DES 算法的步骤包括 IP 置换、密钥置换、E 扩展置换、S 盒代替、P 盒置换和末置换。

（1）输入 64 位明文数据，并进行初始置换 IP；

（2）在初始置换 IP 后，明文数据再被分为左右两部分，每部分 32 位，以 L_0、R_0 表示；

（3）在秘钥的控制下，经过 16 轮运算 (f)；

（4）16 轮后，左、右两部分交换，并连接在一起，再进行逆置换；

（5）输出 64 位密文。

DES 算法具有极高安全性，到目前为止，除了用穷举搜索法对 DES 算法进行攻击外，还没有发现更有效的办法。随着硬件技术和 Internet 的发展，其破解的可能性越来越大，而且，所需要的时间越来越少。

（一）加密原理

DES 的原始思想可以参照第二次世界大战时期德国的恩尼格玛机，其基本思想大致相同。传统的密码加密都是由古代的循环移位思想而来，恩尼格玛机在这个基础之上进行了扩散模糊，但是本质原理都是一样的。现代 DES 在二进制级别做着同样的事：替代模糊，增加分析的难度。

DES 使用一个 56 位的密钥以及附加的 8 位奇偶校验位（每组的第 8 位作为奇偶校验位），产生最大 64 位的分组大小。这是一个迭代的分组密码，使用称为 Feistel 的技术，其中将加密的文本块分成两半。使用子密钥对其中一半应用循环功能，然后将输出与另一半进行“异或”运算；接着交换这两半，这一过程会继续下去，但最后一个循环不交换。DES 使用 16 轮循环，使用异或、置换、代换、移位操作四种基本运算。

（二）三重 DES

DES 的常见变体是三重 DES（3DES），是使用 168 (56 × 3) 位的密钥对资料进行三次加密（3 次使用 DES）的一种机制，它通常（但非始终）提供极其强大的安全性。如果 3 个 56 位的子元素都相同，则三重 DES 向后兼容 DES。

（三）破解方法

攻击 DES 的主要形式被称为蛮力或穷举，即重复尝试各种密钥直到有一个符合为止。如果 DES 使用 56 位的密钥，则可能的密钥数量是 2 的 56 次方个。随着计算机系统能力的不断发展，DES 的安全性比它刚出现时会弱得多，然而从非关键性质的实际出发，仍可以认为它是足够的。

新的分析方法有差分分析法和线性分析法两种。

（四）安全性

安全性比较高的一种算法（目前只有一种方法可以破解该算法）是穷举法。

采用 64 位密钥技术，实际只有 56 位有效，8 位用来校验。例如，有这样的一台 PC 机器，它能每秒计算 100 万次，那么 256 位空间它要穷举的时间为 2 285 年。所以 DES 加密算法还是比较安全的一种算法。

练一练

单项选择题

下列加密算法属于对称加密算法的是（　　）。

A. RSA

B. DSA

C. DES

D. RAS

【解析】本题正确答案为 C。

在本部分中，如果你能够了解对称密码的特点，并举例对称密码的常用算法，那么，恭喜你，你已经掌握了本部分的知识。请认真完成在线学习活动 16，它将有助于你更好地巩固本部分的相关内容。

知识点 4 非对称密码

学前思考 4：

现今，我们已经可以使用云计算来进行大数据的处理，密码也是一样。面对大量的密码需求，对称密码不易管理，容易泄露，当时认为安全的加密方式已经有了破解之法，这种情况该如何解决？

本节知识重点

学习提示：根据知识点 3 的学习，我们掌握了对称密码的基本概念和常用算法。接下来，我们将继续学习非对称密码，之后请大家观看视频《非对称密码》，加深对该部分内容的理解，然后完成在线学习活动 17。

对称密码算法在加密和解密时使用的是同一个密钥；而非对称密码算法需要两个密钥来进行加密和解密，这两个密钥是公开密钥（Public Key，简称“公钥”）和私有密钥（Private Key，简称“私钥”）。

一、非对称密码概述

1976 年，美国学者为解决信息公开传送和密钥管理问题，提出了一种新的密钥交换协议，允许在不安全的媒体上的通信双方交换信息，安全地达成一致的密钥，这就是“公开密钥系统”。

与对称密码算法不同，非对称密码算法需要两个密钥：公开密钥和私有密钥。公开密钥与私有密钥是一对，如果用公开密钥对数据进行加密，只有用对应的私有密钥才能解密；如果用私有密钥对数据进行加密，那么只有用对应的公开密钥才能解密。因为加密和解密使用的是两个不同的密钥，所以这种算法叫作非对称密码算法。在非对称密码中使用的主要算法有：RSA、Elgamal、背包算法、Rabin、D-H、ECC（椭圆曲线加密算法）等。

如图 5－7 所示，甲乙之间使用非对称密码的方式完成了重要信息的安全传输。

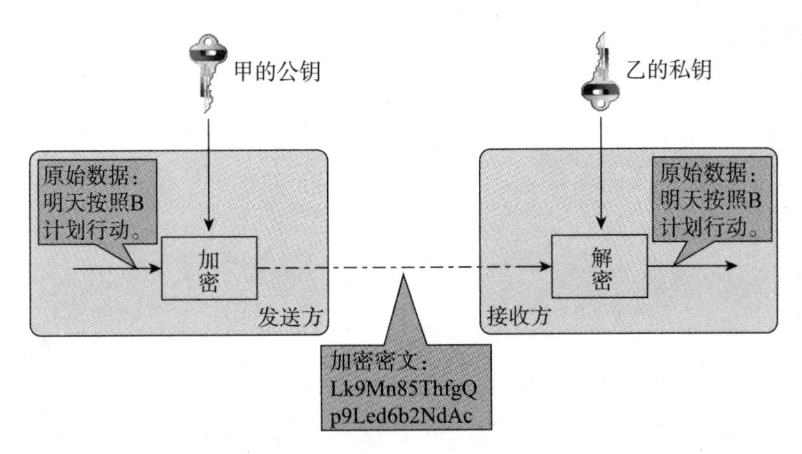

图 5－7　非对称密码原理图

（1）乙方生成一对密钥（公钥和私钥）并将公钥向其他方公开。

（2）得到该公钥的甲方使用该密钥对机密信息进行加密后再发送给乙方。

（3）乙方再用自己保存的另一把专用密钥（私钥）对加密后的信息进行解密。乙方只能用其专用密钥（私钥）解密由对应的公钥加密后的信息。

在传输过程中，即使攻击者截获了传输的密文，并得到了乙的公钥，也无法破解密文，因为只有乙的私钥才能解密密文。同样，如果乙要回复加密信息给甲，那么需要甲先公布甲的公钥给乙用于加密，甲自己保存甲的私钥用于解密。

非对称密码与对称密码相比，其安全性更好：对称密码的通信双方使用相同的密钥，如果一方的密钥遭泄露，那么整个通信就会被破解。而非对称密码使用一对密钥，一个用来加密，一个用来解密，而且公钥是公开的，密钥是自己保存的，不需要像对称密码那样在通信之前要先同步密钥。

非对称密码的缺点是加密和解密花费时间长、速度慢，只适合对少量数据进行加密。

二、RSA 加密算法

RSA 加密算法是一种非对称加密算法。在公开密钥加密和电子商业中 RSA 被广泛使用。

它通常是先生成一对 RSA 密钥，其中之一是保密密钥，由用户保存；另一个为公开密钥，可对外公开，甚至可在网络服务器中注册。为提高保密强度，RSA 密钥至少为 500 位长，一般推荐使用 1 024 位。这就使加密的计算量很大。为减少计算量，在传送信息时，常采用传统加密方法与公开密钥加密方法相结合的方式，即信息采用改进的 DES 或 IDEA 密钥加密，然后使用 RSA 密钥加密对话密钥和信息摘要。对方收到信息后，用不同的密钥解密并可核对信息摘要。

RSA 算法是第一个能同时用于加密和数字签名的算法，也易于理解和操作。RSA 是被研究得最广泛的非对称算法，它经历了各种攻击的考验，逐渐为人们接受，被普遍认为是最优秀的公钥方案之一。

练一练

单项选择题

下列不是非对称加密算法的是（　　）。

A. RSA

B. DES

C. ElGAmal

D. D-H

【解析】在非对称加密中使用的主要算法有：RSA、ElGAmal、背包算法、Rabin、D-H、ECC（椭圆曲线加密算法）等。DES 为对称加密算法。本题正确答案为 B。

在本部分中，如果你能够举例非对称密码的主要算法，那么，恭喜你，你已经掌握了本部分的知识。请认真完成在线学习活动 17，它将有助于你更好地巩固本部分的相关内容。

知识点 5 认证技术

学前思考 5：

各类加密算法保护了各种信息，但是在现如今，我们使用什么算法可以确认操作者的身份呢？

本节知识重点

学习提示：根据知识点 4 的学习，我们知道了非对称密码的基本概念和常用算法。接下来，我们将继续学习非对称密钥，之后请大家观看视频《非对称密码》，加深对本知识点的理解，然后完成在线学习活动 18。

一、身份认证技术

身份认证技术是在计算机网络中为确认操作者身份而产生的有效解决方法。计算机网络世界中的一切信息，包括用户的身份信息，都是用一组特定的数据来表示的，计算机只能识别用户的数字身份，所有对用户的授权也是针对用户数字身份的授权。如何保证以数字身份进行操作的操作者就是这个数字身份的合法拥有者，也就是说保证操作者的物理身份与数字身份相对应，身份认证技术就是为了解决这个问题。作为防护网络资产的第一道关口，身份认证有着举足轻重的作用。认证常常被用于通信双方相互确认身份，以保证通信的安全。一般可以分为以下两种：

（1）身份认证：用于鉴别用户身份。

（2）消息认证：用于保证信息的完整性和抗否认性。在很多情况下，用户要确认网上信息是不是假的，信息是否被第三方修改或伪造，这就需要消息认证。

（一）Hash 认证方法

对用户身份认证的基本方法可以分为以下三种。

1. 基于信息秘密的身份认证

根据你所知道的信息来证明你的身份（What You Know，你知道什么）。

2. 基于信任物体的身份认证

根据你所拥有的东西来证明你的身份（What You Have，你有什么）。

3. 基于生物特征的身份认证

直接根据独一无二的身体特征来证明你的身份（Who You Are，你是谁），比如指纹、面貌等。

在网络世界中身份认证的手段与真实世界中一致，为了达到更高的身份认证安全性，某些场景会在上面三种方法中挑选两种混合使用，即所谓的双因素认证。

（二）基于口令的认证方法

传统的认证技术主要采用基于口令的认证方法。当被认证对象要求访问提供服务的系统时，提供服务的认证方要求被认证对象提交该对象的口令，认证方收到口令后，将其与系统中存储的用户口令进行比较，以确认被认证对象是否为合法访问者。

这种认证方法的优点在于：一般的系统（如 UNIX/Linux，Windows NT/XP，NetWare 等）都提供了对口令认证的支持，对于封闭的小型系统来说不失为一种简单可行的方法。

（三）双因素认证

在双因素认证系统中，用户除了拥有口令外，还拥有系统颁发的令牌访问设备。当用户登录系统时，用户除了要输入口令外，还要输入令牌访问设备所显示的数字。该数字是不断变化的，而且与认证服务器是同步的。

（四）一次口令机制

一次口令机制采用的是动态口令技术，是一种让用户的密码按照时间或使用次数不断动态变化，每个密码只使用一次的技术。它采用一种称之为动态令牌的专用硬件，内置电源、密码生成芯片和显示屏。密码生成芯片运行专门的密码算法，根据当前时间或使用次数生成当前密码并显示在显示屏上。认证服务器采用相同的算法计算当前的有效密码，用户使用时只需要将动态令牌上显示的当前密码输入客户端计算机，即可实现身份的确认。由于每次使用的密码必须由动态令牌来产生，而只有合法用户才持有该硬件，因此只要密码验证通过就可以认为该用户的身份是可靠的。用户每次使用的密码都不相同，即使黑客截获了一次密码，也无法利用这个密码来仿冒合法用户的身份。

（五）生物特征认证

生物特征认证是指采用每个人独一无二的生物特征来验证用户身份的技术，常见的有指纹识别、虹膜识别等。从理论上说，生物特征认证是最可靠的身份认证方式，因为它直接使用人的物理特征来表示每一个人的数字身份，不同的人具有相同生物特征的可能性可以忽略不计，因此几乎不可能被仿冒。

（六）USB Key 认证

基于 USB Key 的身份认证方式是近几年发展起来的一种方便、安全、经济的身份认证技术，它采用软硬件相结合、一次一密的强双因子认证模式，很好地解决了安全性与易用性之间的矛盾。USB Key 是一种 USB 接口的硬件设备，它内置单片机或智能卡芯片，可以存储用户的密钥或数字证书，利用 USB Key 内置的密码学算法实现对用户身份的认证。基于 USB Key 的身份认证系统主要有两种应用模式：一是基于冲击 / 响应的认证模式，二是基于 PKI 体系的认证模式。

（七）动态口令

动态口令是目前最为安全的身份认证方式，利用 What You Have 方法，也是一种动态密码。

动态口令牌是客户手持用来生成动态密码的终端，主流的是基于时间同步方式，每 60 秒变换一次动态口令，口令一次有效，产生 6 位动态数字进行一次一密的方式认证。

但是由于基于时间同步方式的动态口令牌存在 60 秒的时间窗口，导致该密码在这 60 秒内存在风险，现在已有基于事件同步的双向认证的动态口令牌。基于事件同步的动态口令，以用户动作触发的同步为原则，真正做到了一次一密，并且由于是双向认证，即服务器验证客户端，并且客户端也需要验证服务器，从而达到了杜绝木马网站的目的。

由于动态口令使用起来非常便捷，85% 以上的世界 500 强企业运用它保护登录安全，广泛应用在 VPN、网上银行、电子政务、电子商务等领域。

OCL 不但可以提供身份认证，而且可以提供交易认证功能，可以最大限度地保证网络交易的安全。它是智能卡数据安全技术和 U 盘相结合的产物，为数据安全解决方案提供了一个强有力的平台，为客户提供了坚实的身份识别和密码管理的方案，为网上银行、期货、电子商务和金融传输提供了坚实的身份识别和真实交易数据的保证。

二、消息认证技术

网络技术的发展，对网络传输过程中信息的保密性提出了更高的要求，这些要求主要包括：

（1）对敏感的文件进行加密，即使别人截取文件也无法得到其内容。

（2）保证数据的完整性，防止截获人在文件中加入其他信息。

（3）对数据和信息的来源进行验证，以确保发信人的身份。

现在业界普遍通过加密技术方式来满足以上要求，实现消息的安全认证。消息认证就是验证所收到的消息确实是来自真正的发送方且未被修改，也可以验证消息的顺序和及时性。

消息认证实际上是对消息本身产生一个冗余的信息——MAC（消息认证码），消息认证码是利用密钥对要认证的消息产生新的数据块并对数据块加密生成的。它对于要保护的信息来说是唯一的，因此可以有效地保护消息的完整性，并且可以实现发送方消息的不可抵赖和不能伪造。

消息认证技术可以防止数据的伪造和被篡改，以及证实消息来源的有效性，已广泛应用于信息网络。随着密码技术与计算机计算能力的提高，消息认证码的实现方法也在不断地改进和更新之中，多种实现方式会为更安全的消息认证码提供保障。

三、散列函数概述

Hash，一般翻译作“散列”，也有直接音译为“哈希”的，就是把任意长度的输入（又叫作预映射，Pre-Image），通过散列算法，变换成固定长度的输出，该输出就是散列值。这种转换是一种压缩映射，也就是说，散列值的空间通常远小于输入的空间，不同的输入可能会散列成相同的输出，而不可能从散列值来唯一地确定输入值。简单地说就是一种将任意长度的消息压缩到某一固定长度的消息摘要的函数。Hash 函数是不可逆的，无法通过生成的数据摘要恢复出原数据。MD5 和 SHA1 可以说是目前应用最广泛的 Hash 算法。

（一）Hash 算法的作用

Hash 算法在信息安全方面的应用主要体现在以下三个方面。

1. 文件校验

我们比较熟悉的校验算法有奇偶校验和 CRC 校验，这两种校验并没有抗数据篡改的能力，它们一定程度上能检测并纠正数据传输中的信道误码，但却不能防止对数据的恶意破坏。

MD5 Hash 算法的“数字指纹”特性，使它成为应用最广泛的一种文件完整性校验和算法（Checksum），不少 Unix 系统有提供计算 MD5 Checksum 的命令。

2. 数字签名

Hash 算法也是现代密码体系中的一个重要组成部分。由于非对称算法的运算速度较慢，所以在数字签名协议中，单向散列函数扮演了一个重要的角色。对 Hash 值，又称“数字摘要”进行数字签名，在统计上可以认为与对文件本身进行数字签名是等效的。而且这样的协议还有其他的优点。

3. 鉴权协议

鉴权协议又被称作挑战－认证模式，它在传输信道是可被侦听但不可被篡改的情况下使用，是一种简单而安全的方法。

（二）常用 Hash 算法

1. MD4

MD4(RFC 1320) 是 MIT 的 Ronald L. Rivest 在 1990 年设计的，MD 是 Message Digest（消息摘要）的缩写。它适用在 32 位字长的处理器上用高速软件实现，即它是基于 32 位操作数的位操作来实现的。

2. MD5

MD5 消息摘要算法（MD5 Message-Digest Algorithm），是一种被广泛使用的密码散列函数，可以产生出一个 128 位（16 字节）的散列值（Hash Value），用于确保信息传输完整一致。MD5 由美国密码学家罗纳德·李维斯特（Ronald Linn Rivest）设计，于 1992 年公开，用以取代 MD4 算法。

MD5 的应用众多，包括一致性验证、数字签名、安全访问认证。

3. SHA-1

SHA-1（Secure Hash Algorithm 1），即安全散列算法 1，是一种密码散列函数，美国国家安全局设计，并由美国国家标准技术研究所（NIST）发布为联邦数据处理标准（FIPS）。SHA-1 可以生成一个被称为消息摘要的 160 位（20 字节）散列值，散列值通常的呈现形式为 40 个十六进制数。

四、数字签名

数字签名（又称公钥数字签名、电子签章）是一种类似写在纸上的普通的物理签名，但是使用了公钥加密领域的技术实现，是用于鉴别数字信息的方法。一套数字签名通常定义两种互补的运算，一个用于签名，另一个用于验证。数字签名就是只有信息的发送者才能产生的别人无法伪造的一段数字串，这段数字串同时也是对信息的发送者发送信息真实性的一个有效证明。数字签名是非对称密钥加密技术与数字摘要技术的应用。

数字签名就是附加在数据单元上的一些数据，或是对数据单元所做的密码变换。这种数据或变换允许数据单元的接收者用以确认数据单元的来源和数据单元的完整性并保护数据，防止被人（例如接收者）进行伪造。它是对电子形式的消息进行签名的一种方法。一个签名消息能在一个通信网络中传输。

基于公钥密码体制和私钥密码体制都可以获得数字签名，主要是基于公钥密码体制的数字签名，包括普通数字签名和特殊数字签名。普通数字签名算法有 RSA、ElGamal、Fiat-Shamir、Guillou- Quisquarter、Schnorr、Ong-Schnorr-Shamir 数字签名算法、Des/DSA、椭圆曲线数字签名算法和有限自动机数字签名算法等。特殊数字签名有盲签名、代理签名、群签名、不可否认签名、公平盲签名、门限签名、具有消息恢复功能的签名等，它与具体应用环境密切相关。

（一）主要功能

数字签名技术是将摘要信息用发送者的私钥加密，与原文一起传送给接收者。接收者只有用发送者的公钥才能解密被加密的摘要信息，然后用 Hash 函数对收到的原文产生一个摘要信息，与解密的摘要信息对比，如果相同，则说明收到的信息是完整的，在传输过程中没有被修改，否则说明信息被修改过。因此，数字签名能够保证信息传输的完整性、发送者的身份认证，防止交易中的抵赖发生。

（二）签名过程

发送报文时，发送方用一个 Hash 函数从报文文本中生成报文摘要，然后用自己的私人密钥对这个摘要进行加密。这个加密后的摘要将作为报文的数字签名和报文一起发送给接收方，接收方首先用与发送方一样的 Hash 函数从接收到的原始报文中计算出报文摘要，接着再用发送方的公用密钥来对报文附加的数字签名进行解密。如果这两个摘要相同，那么接收方就能确认该数字签名是发送方的。

（三）数字签名的原理

（1）被发送文件用安全 Hash 编码法 SHA（Secure Hash Algorithm）编码加密产生 128Bit 的数字摘要。

（2）发送方用自己的私用密钥对摘要再加密，这就形成了数字签名。

（3）将原文和加密的摘要同时传给对方。

（4）对方用发送方的公共密钥对摘要解密，同时对收到的文件用 SHA 编码加密产生又一摘要。

（5）将解密后的摘要和收到的文件与接收方重新加密产生的摘要相互对比。如两者一致，则说明传送过程中信息没有被破坏或篡改过；否则不然。

（四）数字签名的好处

数字签名相对于手写签名在安全性方面具有如下好处：数字签名不仅与签名者的私有密钥有关，而且与报文的内容有关。因此，不能将签名者对一份报文的签名复制到另一份报文上，这样做也能防止篡改报文的内容。

练一练

单项选择题

数字签名技术是将摘要用（　　）加密，与原文一起传送给接收者。

A. 发送者的私钥　　B. 发送者的公钥

C. 接收者的私钥　　D. 接收者的公钥

【解析】本题正确答案为 A。

在本部分中，如果你能够举例说明认证技术的主要算法，那么，恭喜你，你已经掌握了本部分的知识。请认真完成在线学习活动 18，它将有助于你更好地巩固本部分的相关内容。

到这里，本单元的学习之旅就算告一段落了，请大家认真欣赏沿途的风景，并记得按时完成本单元的作业，然后上传至网络平台中的“本单元作业”处。

拓展阅读

1. 冯登国 . 国内外密码学研究现状及发展趋势 . 通信学报，2002, 23(5): 18–26.

2. 卢开澄 . 计算机密码学 . 北京：清华大学出版社，1998.

3. 冯登国，裴定一 . 密码学导引 . 北京：科学出版社，1999.

4. 康海燕，张仰森 . 基于网络隐私保护的动态密码研究 . 北京信息科技大学学报（自然科学版），2015(2): 26–31.

单元小结

本单元主要讲述了密码学概述、古典密码、对称密码、非对称密码等内容。我们学完本单元，应该能够了解密码学的发展历史；阐释密码学的基本概念、基本类型和分类；了解古典密码、对称密码、非对称密码的特点；了解对密码的各种攻击方式。

以上就是本单元的全部内容，感谢大家的努力，继续保持，加油！

第六单元

信息安全管理与法律法规

Unit

学习导引

同学们好！欢迎你们来到“网络安全与管理”课程的课堂。这门课程将带领我们更好地了解信息安全，了解信息安全给我们带来的影响，以及通过各种手段来防范各类信息安全问题。大家都知道，保证信息安全需要三分技术七分管理，前几单元我们学习了各种信息安全技术，那么该如何进行信息管理呢？在这里，我们先不做更多的解释，请大家带着想象的翅膀，共同进入本单元的主题！

本单元，我们将共同学习信息安全管理、信息安全法律法规和信息安全等级保护等内容。学完之后，相信你对信息安全管理与法律法规会有一个全新的认识，甚至可以对信息安全和计算机犯罪有新的理解和防范意识。

在本单元的学习之旅中，需要你们认真学习本单元的内容，观看教学视频，完成在线学习活动以及作业。只有按照要求完成上述所有环节的内容，你才算完成了本单元的学习任务。

学习目标

学完本单元内容之后，你将能够：

（1）了解信息安全管理及信息安全管理体系；

（2）了解国内外信息安全法；

（3）了解信息安全等级保护。

接下来，让我们一步步深入理解本单元的学习内容吧。首先，我们来熟悉一下本单元内容的整体框架。

知识结构图

图 6－1 是本单元内容的整体框架以及学习这部分内容的思维过程规划。此图可以帮助大家从整体上了解本单元的知识结构和学习路径，包括信息安全管理、信息安全法律法规、信息安全等级保护。请大家仔细品读和理解，建立对本部分知识的整体印象。

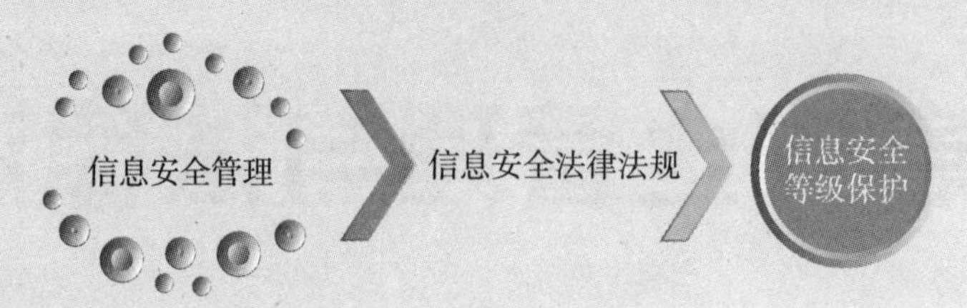

图 6－1　本单元知识结构图

看完上面的知识结构图后，大家是否已经对本单元所要学的内容以及如何学习这些内容，有一个初步的整体印象了呢？接下来，我们将在这个整体框架的指引下逐一学习每个知识点的具体内容。我们需要在理解信息安全管理的基础上，重点学习信息安全法律法规、信息安全等级保护。结合生活经验和对相关问题的认识，将理论与实践相结合。

知识点 1 信息安全管理

学前思考 1：

随着全球信息化和信息技术的不断发展，信息安全形势日趋严峻，一方面信息安全事件发生的频率大规模增加，另一方面信息安全事件造成的损失越来越大。

请你参考更多资料，思考一下，在信息安全技术不断发展的情况下，信息安全该从哪些方面进行管理。

你想好了吗？那我们带着问题学习以下内容吧。

本节知识重点

学习提示：当今社会已经进入信息化社会，信息安全建立在信息社会的基础设施及信息服务系统之间的互联、互通、互操作意义上的安全需求上。安全需求可以分为安全技术需求和安全管理需求两个方面。管理在信息安全中的重要性高于安全技术层面，“三分技术，七分管理”的理念在业界中已经得到共识。在本部分中，我们需要重点关注信息安全管理、信息安全管理体系等。如若单纯阅读教材上的内容有障碍，我们还可以通过观看视频《主题案例分析：信息安全管理》来加深理解，然后完成在线学习活动 19。接下来，让我们一起认真学习信息安全管理相关内容。

一、信息安全管理概述

信息安全管理是指通过维护信息的机密性、完整性及可用性来管理和保护信息资产，是对信息安全保障进行指导、规范及管理的一系列活动和过程。

（一）信息安全管理体系

信息安全管理体系（Information Security Management System，简称 ISMS）是 1998 年前后从英国发展起来的信息安全领域中的一个新概念，是管理体系（Management System，简称 MS）思想和方法在信息安全领域的应用，是从管理学惯用的过程模型 PDCA（Plan、Do、Check、Act）发展演化而来。近年来，伴随着 ISMS 国际标准的制定及修订，ISMS 迅速被全球接受和认可，成为世界各国、各种类型、各种规模的组织解决信息安全问题的一个有效方法。ISMS 认证随之成为组织向社会及相关方证明其信息安全水平和能力的一种有效途径。

信息安全管理体系（ISMS）是一个系统化、过程化的管理体系，体系的建立不可能一蹴而就，需要全面、系统、科学的风险评估、制度保证和有效监督机制。

ISMS 应该体现预防控制为主的思想，强调遵守国家有关信息安全的法律法规，强调全过程的动态调整，从而确保整个安全体系在有效管理控制下，不断改进完善以适应新的安全需求。

在建立信息安全管理体系的各环节中，安全需求的提出是 ISMS 的前提，运作实施、监视评审和维护改进是重要步骤，而可管理的信息安全是最终的目标。

在各环节中，风险评估管理、标准规范管理以及制度法规管理这三项工作直接影响到整个信息安全管理体系是否能够有效实行，因此也具有非常重要的地位。

（二）PDCA 循环

PDCA 循环是美国质量管理专家休哈特博士首先提出的，由戴明采纳、宣传，进而获得普及，所以又称戴明环。全面质量管理的思想基础和方法依据就是 PDCA 循环。PDCA 循环的含义是将质量管理分为四个阶段，即计划（Plan）、执行（Do）、检查（Check）、处理（Act）。在质量管理活动中，要求把各项工作按照做出计划、计划实施、检查实施效果步骤实施，然后将成功的纳入标准，不成功的留待下一循环去解决。这一工作方法是质量管理的基本方法，也是企业管理各项工作的一般规律。

（1）计划（P），包括方针和目标的确定，以及活动规划的制定。

（2）执行（D），根据已知的信息，设计具体的方法、方案和计划布局；再根据设计和布局，进行具体运作，实现计划中的内容。

（3）检查（C），总结执行计划的结果，分清哪些对了，哪些错了，明确效果，找出问题。

（4）处理（A），对总结检查的结果进行处理，对成功的经验加以肯定，并予以标准化；对于失败的教训也要总结，引起重视。对于没有解决的问题，应提交给下一个 PDCA 循环去解决。

以上四个过程不是运行一次就结束，而是周而复始地进行，一个循环结束了，解决一些问题，未解决的问题进入下一个循环，这样阶梯式上升。如图 6－2 所示为信息安全管理的 PDCA 模型图。

（三）信息安全风险管理

信息安全管理是一个过程，而不是一个产品，其本质是风险管理。信息安全风险管理可以看成是一个不断降低安全风险的过程，其最终目的是使安全风险降低到一个可接受的程度，使用户和决策者可以接受剩余的风险。信息安全风险管理贯穿信息系统生命周期的全部过程。

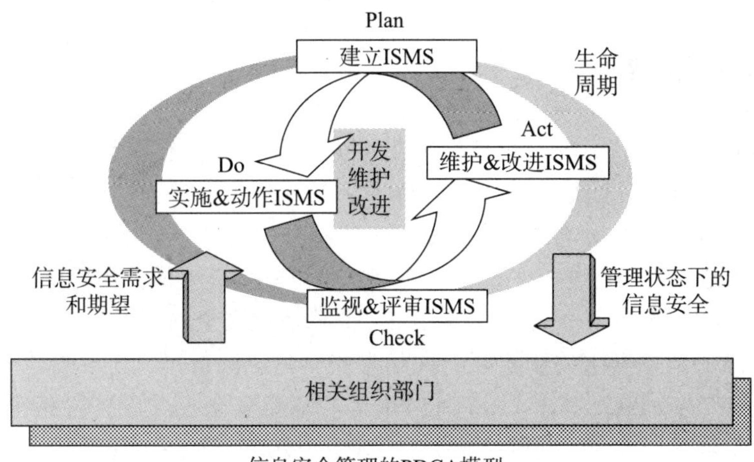

图 6－2　PDCA 模型图

（四）信息安全风险评估

信息安全风险评估是从风险管理的角度，运用科学的手段，系统地分析网络与信息系统所面临的威胁及存在的脆弱性，评估安全事件一旦发生可能造成的危害程度，为防范和化解信息安全风险，或者将风险控制在可以接受的水平，制定有针对性的抵御威胁的防护对策和整改措施，以最大限度地保障网络和为信息安全提供科学依据。

作为风险管理的基础，风险评估是组织确定信息安全需求的一个重要手段。

风险评估管理就是指在信息安全管理体系的各环节中，合理地利用风险评估技术对信息系统及资产进行安全性分析及风险管理，为规划、设计、完善信息安全解决方案提供基础资料，属于信息安全管理体系的规划环节。

二、建立信息安全管理体系

步骤一：定义信息安全策略。信息安全策略是组织信息安全的最高方针，需要根据组织内各个部门的实际情况，分别制定不同的信息安全策略。

步骤二：定义 ISMS 的范围。ISMS 的范围描述了需要进行信息安全管理的领域轮廓，组织根据自己的实际情况，在整个范围或个别部门构架 ISMS。

步骤三：进行信息安全风险评估。信息安全风险评估的复杂程度将取决于风险的复杂程度和受保护资产的敏感程度，所采用的评估措施应该与组织对信息资产风险的保护需求相一致。

步骤四：信息安全风险管理。根据风险评估的结果进行相应的风险管理。

步骤五：确定控制目标和选择控制措施。控制目标的确定和控制措施的选择原则是费用不超过风险所造成的损失。

步骤六：准备信息安全适用性声明。信息安全适用性声明记录了组织内相关的风险控制目标和针对每种风险所采取的各种控制措施。

三、标准规范管理

信息安全管理与控制标准是指由标准化组织制定的用于指导和管理信息安全解决方案实施过程的标准规范，如信息安全管理体系标准（BS 7799）、信息安全管理标准（ISO 13335）以及信息和相关技术控制目标（COBIT）等。

随着在世界范围内信息化水平的不断发展，信息安全逐渐成为人们关注的焦点，世界范围内的各个机构、组织、个人都在探寻如何保障信息安全的问题。英国、美国、挪威、瑞典、芬兰、澳大利亚等国均制定了有关信息安全的本国标准，国际标准化组织（ISO）也发布了 ISO 17799、ISO 13335、ISO 15408 等与信息安全相关的国际标准及技术报告。目前，在信息安全管理方面，英国标准 ISO 27001：2005 已经成为世界上应用最广泛与典型的信息安全管理标准，它是在 BSI/DISC 的 BDD/2 信息安全管理委员会指导下制定完成的，最新版本为 ISO 27001：2013。

（一）BS 7799

BS 7799 是英国标准协会（British Standards Institute，BSI）针对信息安全管理而制定的一个标准，共分为两个部分。

第一部分 BS 7799-1 是《信息安全管理实施细则》，也就是国际标准化组织的 ISO/IEC 17799 标准的部分，主要提供给负责信息安全系统开发的人员参考使用，其中分 11 个标题，定义了 133 项安全控制（最佳惯例）。

第二部分 BS 7799-2 是《信息安全管理体系规范》（即 ISO/IEC 27001），其中详细说明了建立、实施和维护信息安全管理体系的要求，可用来指导相关人员去应用 ISO/IEC 17799，其最终目的是建立适合企业所需的信息安全管理体系。

（二）ISO/IEC 27000 系列

ISO/IEC 27000 系列（简称 ISO27K，也被称为“ISMS 系列标准”）由国际标准化组织（ISO）和国际电工委员会（IEC）联合出版，其中包括信息安全标准。以下为 ISO/IEC 27000 系列：

ISO 27000 原理与术语（Principles and Vocabulary）

ISO 27001 信息安全管理体系——要求（ISMS Requirements）（以 BS 7799-2 为基础）

ISO 27002 信息技术——安全技术——（信息安全管理实践规范）（ISO/IEC 17799：2005）

ISO 27003 信息安全管理体系——实施指南（ISMS Implementation Guidelines）

ISO 27004 信息安全管理体系——指标与测量（ISMS Metrics and Measurement）

ISO 27005 信息安全管理体系——风险管理（ISMS Risk Management）

ISO 27006 信息安全管理体系——认证机构的认可要求（ISMS Requirements for the Accreditation of Bodies Providing Certification）

ISO 27007 信息技术——安全技术——信息安全管理体系审核员指南（ISMS Auditor Guidelines）

（三）发展

ISO 27001 标准于 1993 年由英国贸易工业部立项。1995 年英国首次出版 BS 7799-1：1995《信息安全管理实施细则》，它提供了一套综合的、由信息安全最佳惯例组成的实施规则，其目的是作为确定工商业信息系统在大多数情况所需控制范围的唯一参考基准，并且适用于大、中、小组织。

1998 年英国公布标准的第二部分《信息安全管理体系规范》，规定信息安全管理体系要求与信息安全控制要求，它是一个组织的全面或部分信息安全管理体系评估的基础，可以作为一个正式认证方案的根据。BS 7799-1 与 BS 7799-2 经过修订于 1999 年重新予以发布，1999 版考虑了信息处理技术，尤其是在网络和通信领域应用的近期发展，同时还特别强调了商务涉及的信息安全及信息安全的责任。

2000 年 12 月，BS 7799-1：1999《信息安全管理实施细则》通过了国际标准化组织 ISO 的认可，正式成为国际标准：ISO/IEC17799：2000《信息技术－信息安全管理实施细则》。2002 年 9 月 5 日，BS 7799-2：2002 草案经过广泛的讨论之后，终于发布成为正式标准，同时 BS 7799-2：1999 被废止。2004 年 9 月 5 日，BS 7799-2：2002 正式发布。

2005 年，BS 7799-2：2002 终于被 ISO 组织所采纳，于同年 10 月推出 ISO/IEC 27001：2005.

2005 年 6 月，ISO/IEC 17799：2000 经过改版，形成了新的 ISO/IEC 17799：2005，新版本较老版本无论是组织编排还是内容完整性都有了很大的增强和提升。ISO/IEC 17799：2005 已更新并在 2007 年 7 月 1 日正式发布为 ISO/IEC 27002：2005，这次更新只是体现在标准上的号码，内容并没有改变。

现在，ISO 27000：2005 标准已得到了很多国家的认可，是国际上具有代表性的信息安全管理体系标准，如图 6－3 所示。

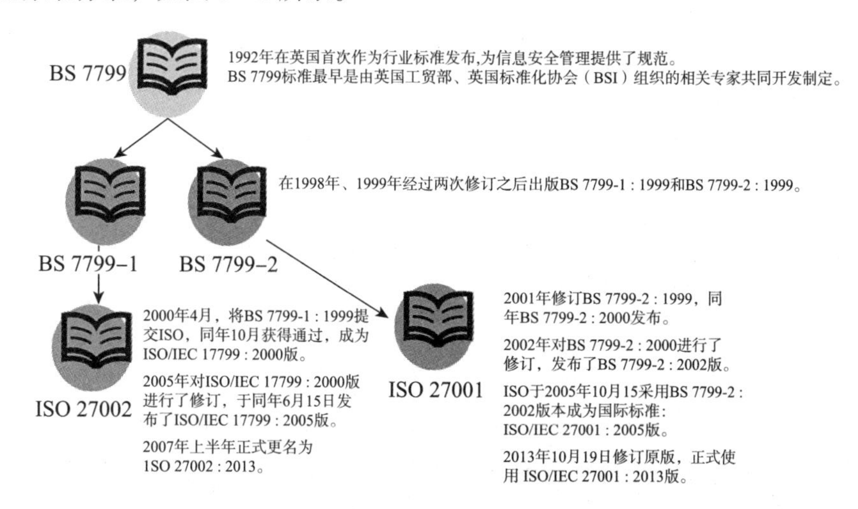

图 6－3　ISO 27000:2005 标准实例图

（四）ISO 270001 认证的好处

信息安全管理体系标准（ISO 27001) 可有效保护信息资源，保护信息化进程健康、有序、可持续发展。ISO 27001 是信息安全领域的管理体系标准，类似于质量管理体系认证的 ISO 9000 标准。当一个组织通过了 ISO 27001 的认证，就相当于通过 ISO 9000 的质量认证一般，表示该组织信息安全管理已建立了一套科学有效的管理体系作为保障。根据 ISO 27001 对信息安全管理体系进行认证，可以带来以下几个好处：

引入信息安全管理体系就可以协调各个方面的信息管理，从而使管理更为有效。保证信息安全不是仅有一个防火墙，或找一个 24 小时提供信息安全服务的公司就可以达到的，它需要全面的综合管理。

通过进行 ISO 27001 信息安全管理体系认证，可以增进组织间电子商务往来的信用度，能够建立起网站和贸易伙伴之间的互相信任。随着组织间的电子交流的增加，通过信息安全管理的记录，可以看到信息安全管理明显的利益，并为广大用户和服务提供商提供一个基础的设备管理。同时，把组织的干扰因素降到最小，创造更大的收益。

通过认证能保证和证明组织所有的部门对信息安全的承诺。

通过认证可改善全体的业绩，消除不信任感。

获得国际认可的机构的认证证书，可得到国际上的承认，拓展业务。

建立信息安全管理体系能降低风险，通过第三方的认证能增强投资者及其他利益相关方的投资信心。

组织按照 ISO 27001 标准建立信息安全管理体系，会有一定的投入，但是若能通过认证机关的审核，获得认证，将会获得有价值的回报。企业通过认证将可以向其客户、竞争对手、供应商、员工和投资方展示其在同行内的领导地位；定期的监督审核将确保组织的信息系统不断地被监督和改善，并以此作为增强信息安全性的依据；增强信任、信用及信心，使客户及利益相关方感受到组织对信息安全的承诺。

通过认证能够向政府及行业主管部门证明组织对相关法律法规的符合性。

四、十大网络安全最佳实践

传统的信息安全防护体系已经难以提供可靠的安全防护，特别是针对 APT 攻击、零天型漏洞攻击以及来自企业内部的网络攻击。

（一）制定行业标准

重点防范可能出现的系统性风险，而且要坚持线上线下一致性的原则，注重法律法规的有效衔接，不断完善相关的监管制度。同时政府应该有一个统一的分类，并按类别制定信息安全行业标准，指导各企业进行相应的信息安全建设和安全运维管理。

（二）加大信息安全投入

应加大对信息安全技术的投资力度，结合安全开发、安全产品、安全评估、安全管理等多个方面，从整个信息系统生命周期（ESLC）的角度来实现长期有效的安全保障。对于已经在线的生产系统，当务之急则是采用防火墙、数据库审计、数据容灾等多种手段，提升对用户和数据的安全保障能力。

（三）增强 APT 防护能力

加入 APT 防护控制手段，加固环境，考虑双因素认证、网络限制、反垃圾邮件过滤、WEB 过滤等高级限制方式。

（四）加强信息系统的审计与风险控制

对越来越庞大的信息系统部署运维审计与风险控制系统，通过账号管理、身份认证、自动改密、资源授权、实时阻断、同步监控、审计回放、自动化运维、流程管理等功能，增强信息系统运维管理的安全性。

（五）采用自主可控的产品和技术

以防范阻止、检测发现、应急处置、审计追踪、集中管控等为目的，研究适合自身信息系统特点的安全保护策略和机制；开展安全审计、强制访问控制、系统结构化、多级系统安全互联访问控制、产品符合性检验等相关技术；研发用于保护重点信息系统的安全计算环境、安全区域边界、安全通信网络和安全管理中心的核心技术产品；研发自主可控的计算环境、操作系统、中间件、数据库等基础产品，实现对国外软硬件的替代；建设模拟仿真测试环境，通过可靠的测试技术和测试工具，实现对信息系统的安全检测，确保降低信息系统使用过程中发生的安全事件。

（六）突出保护重点系统

对需要保护的信息资产进行详细梳理，以整体利益为出发点，确定出重要的信息资产或系统，然后将有限的资源投入对于这些重要信息资源的保护当中。

（七）核心安全建设由可信队伍建设

对我国的信息系统进行核心安全建设和保障的机构，应具备专业信息安全服务能力及应急响应能力，是获得权威认证、具有一定规模、具备专业扫描检测与渗透测试产品的安全服务团队。

（八）基于大数据与云计算的解决方案

以信息安全等级保护为基础，在控制风险的基础上，充分利用云计算和大数据的优势，建立适合自身信息系统的建设规范与信息安全管理规范，丰富已有安全措施规范，完善整体信息安全保障体系，建立云计算和数据保护的标准体系，健全协调机制，提高协同发展能力。

（九）外包风险防范

实行业务外包以前，应制定外包的具体政策和标准，全面考虑业务外包的程度问题、风险集中问题，以及将多项业务外包给同一个服务商时的风险问题。同时，在外包的过程中，要时刻对风险进行内部评估。

（十）健全内控制度

建立直接向最高级别领导汇报的风险管理部门，独立于所有业务部门进行风险的评估、分析和审核；根据自身的业务特点建立完整的工作流程体系；根据各业务环节的风险，总体评估自身的风险特征；根据工作流程各环节的风险点，设计标准的内部控制操作方案，以有效保障每个工作环节的准确执行。

练一练

单项选择题

信息安全管理领域权威的标准是（　　）。

A. ISO 15408　　B. ISO 17799/ISO 27001

C. ISO 9001　　D. ISO 14001

【**解析**】本题正确答案为 B。

经过前面的学习，如果你能复述或者用自己的语言来回答信息安全管理的概念和信息安全管理的相关标准，那么恭喜你，你已经较好地掌握了本部分的内容。请记得完成在线学习活动 19。

请你做好本部分的梳理总结，稍做休息，我们继续进行下一个知识点的学习。

知识点 2　信息安全法律法规

学前思考 2：

请问大家是否遇到过类似事情：

有意地造成网络交通混乱或擅自闯入网络及其相联的系统；商业性地或欺骗性地利用大学计算机资源；偷窃资料、设备或智力成果；未经许可接近他人的文件；在公共用户场合做出引起混乱或造成破坏的行动；伪造电子函件信息。

面对这种问题我们该怎么解决呢？你能够给出一些答案吗？

本节知识重点

学习提示：根据知识点1的学习，我们知道信息安全管理是一个重要措施。接下来，我们将继续学习信息安全法律，之后请大家观看视频资源《信息安全法律法规》，加深对该部分内容的理解，然后完成在线学习活动20。

建立完善信息安全法律体系是当今一个重要的课题，一方面法律法规是震慑和惩罚信息犯罪的重要工具，另一方面法律法规也是合法实施各项信息安全技术的理论依据。目前，国内外都在加紧建设信息安全法。

一、信息安全法概述

（一）定义

信息安全法是调整信息主体在维护信息安全过程中所产生的社会关系的法律规范总称，也是调整信息安全保障活动中所形成的社会关系的法律规范的总称。

（二）发展

第一阶段（20世纪70年代—80年代）：适应信息的保密性要求，保护个人隐私权。计算机安全急需解决的问题是确保信息系统中硬件、软件及正在处理、存储、传输的信息的机密性、完整性和可用性。这一时期，针对个人隐私权的保护，世界各国开始了第一次计算机信息系统安全立法潮流。代表性的法律法规为英国和德国的《数据保护法》。

第二阶段（20世纪80年代—90年代）：以计算机犯罪为核心的信息安全法体系。这一阶段对安全性有了新的需求，即可控性，对信息及信息系统实施安全监控管理；不可否认性，保证行为人不能否认自己的行为。立法急需解决网络入侵、病毒破坏、计算机犯罪等问题。世界各国（主要是发达国家）都适时地对刑法做出了修改。国际性的立法浪潮始于1985年，代表性的法律法规为1987年美国的《计算机犯罪法》《计算机欺诈法》等。

第三阶段（20世纪90年代—2001年“9 · 11”事件）：以信息安全监督管理为核心的信息安全法体系。信息安全的概念已不再局限于对信息的保护，提出了信息安全保障的概念，强调了系统整个生命周期的防御和恢复。为适应信息保障的要求，立法以信息安全监督管理为核心，明确政府机构和商业机构负责人的安全责任。代表性的法律法规为美国的《关键基础设施保护》《联邦信息技术》等。

第四阶段（“9 · 11”事件以后）：向对国家关键基础设施保护的转移。“9 · 11”事件发生后，各国的网络与信息安全工作几乎都是围绕着“反恐”展开的。特别是在美国，为了避免“数字珍珠港”事件的上演，立法重点从对信息基础设施的保护向对国家关键基础设施保护转移，强调应急响应、检测预警、重视监控。代表性的法律法规为《信息时代的关键基础设施保护》《爱国者法案》《网络安全国家战略》等。

二、我国信息安全法律

1994 年 2 月颁布的《中华人民共和国计算机信息系统安全保护条例》，赋予公安机关行使对计算机信息系统的安全保护工作的监督管理职权。

1995 年 2 月颁布的《中华人民共和国人民警察法》明确了公安机关具有监督管理计算机信息系统安全的职责。《中华人民共和国人民警察法》第二章“职权”第六条规定：公安机关的人民警察按照职责分工，依法履行下列职责：预防、制止和侦查违法犯罪活动；维护社会治安秩序，制止危害社会治安秩序的行为……监督管理计算机信息系统的安全保护工作。

2017 年 6 月 1 日起施行的《中华人民共和国网络安全法》是我国第一部全面规范网络空间安全管理方面问题的基础性法律，是我国网络空间法治建设的重要里程碑，是依法治网、化解网络风险的法律重器，是让互联网在法治轨道上健康运行的重要保障。

我国有关信息安全的立法原则是重点保护、预防为主、责任明确、严格管理和促进社会发展。

我国的信息安全法律法规可分为以下四类：

（1）通用性法律法规。

（2）惩戒信息犯罪的法律。

（3）针对信息网络安全的特别规定。

（4）规范信息安全技术及管理方面的规定。

三、我国信息安全法的相关定义

（一）国家秘密

（1）包括国家领土完整、主权独立不受侵犯；国家经济秩序、社会秩序不受破坏。

（2）公民生命、生活不受侵害；民族文化价值和传统不受破坏等。

（3）产生于政治、国防军事、外交外事、经济、科技和政法等领域的秘密事项。

（二）国家秘密的密级

（1）绝密：最重要的国家秘密，使国家安全和利益遭受特别严重的损害；破坏国家主权和领土完整；威胁国家政权巩固；使国家政治、经济遭受巨大损失。

（2）机密：重要的国家秘密，使国家安全和利益遭受严重的损失；某一领域内的国家安全和利益遭受重大损失。

（3）秘密：一般的国家秘密，使国家安全和利益遭到损害；某一方面的国家安全利益遭受损失。

练一练

单项选择题

我国在信息系统安全保护方面最早制定的一部法规，也是最基本的一部法规是（　　）。

A.《中华人民共和国计算机信息系统安全保护条例》

B.《计算机信息网络国际联网安全保护管理办法》

C.《信息安全等级保护管理办法》

D.《计算机信息系统安全保护等级划分准则》

【解析】我国在信息系统安全保护方面最早制定的一部法规，也是最基本的一部法规是《中华人民共和国计算机信息系统安全保护条例》。本题正确答案为A。

学完上述内容以后，大家应该知道信息安全法约束了大家上网的动作，震慑了犯罪分子投机取巧的心理，提高了信息安全的水平。

在本部分中，如果你能够举例指出我国的信息安全法律法规，那么，恭喜你，你已经掌握了本部分的知识。请认真完成在线学习活动20，它将有助于你更好地巩固本部分的相关内容。

知识点3　信息安全等级保护

学前思考3：

国际上，计算机犯罪正以每年100%的速度增长。在Internet上的黑客攻击事件也以每年10倍的速度在增长；计算机病毒从1998年发现首例以来，增长的速度呈几何级数。

据美国审计总署资料：世界上120余个国家已经或正在研究进入计算机网络的手段。1995年，入侵美国国防部计算机网络的事件多达25万次，其中65%（16.25万次）获得了成功。欧美等国金融机构的计算机网络被入侵的比例高达77%；我国近几年来计算机犯罪也以30%的速度在增长，国内90%以上的电子商务网站存在严重的安全漏洞。

犯罪分子面对逐渐增加的犯罪事件，即使有信息安全法律的约束，也有恃无恐，面对这个情况我们该怎么办?

本节知识重点

学习提示：根据知识点2的学习，我们知道信息安全法能够约束人们，防止信息安全犯罪，那么还有其他方法管理信息安全吗？接下来，我们将继续学习信息安全等级保护，之后请大家观看视频《信息安全等级保护》，加深对该部分内容的理解，然后完成在线学习活动 21。

一、信息安全等级保护

信息安全等级保护是对信息和信息载体按照重要性等级分级别进行保护的一种工作，是在中国、美国等很多国家都存在的一种信息安全领域的工作。在中国，信息安全等级保护广义上为涉及该工作的标准、产品、系统、信息等均依据等级保护思想进行的安全工作；狭义上一般指信息系统安全等级保护，是指对国家安全、法人、其他组织及公民的专有信息和公开信息，以及存储、传输、处理这些信息的信息系统分等级实行安全保护，对信息系统中使用的信息安全产品实行按等级管理，对信息系统中发生的信息安全事件分等级响应、处置的综合性工作。

国家通过制定统一的信息安全等级保护管理规范和技术标准，组织公民、法人和其他组织对信息系统分等级实行安全保护，对等级保护工作的实施进行监督、管理。

公安机关负责信息安全等级保护工作的监督、检查、指导。国家保密工作部门负责等级保护工作中有关保密工作的监督、检查、指导。国家密码管理部门负责等级保护工作中有关密码工作的监督、检查、指导。涉及其他职能部门管辖范围的事项，由有关职能部门依照国家法律法规的规定进行管理。国务院信息化工作办公室及地方信息化领导小组办事机构负责等级保护工作的部门间协调。

实行信息安全等级保护制度，能够有效提高信息和信息系统安全建设的整体水平，有利于在进行信息化建设的同时建设新的安全设施，保障信息安全和信息化建设相协调；有利于为信息系统安全建设和管理提供系统性、针对性、可行性的指导和服务，有效控制信息安全建设成本；有利于优化安全资源的配置；有利于保障基础信息网络和关系国家安全、经济命脉、社会稳定等方面重要信息系统的安全等。通过开展信息安全等级保护工作，可以有效解决信息安全面临的威胁和存在的主要问题，充分体现“适度安全、重点保护”的目的。

二、信息安全等级保护工作内容

信息安全等级保护工作包括定级、备案、安全建设和整改、信息安全等级测评、信息安全检查五个阶段。

（一）信息安全保护等级划分

《信息安全等级保护管理办法》规定，国家信息安全等级保护坚持自主定级、自主保护的原则。信息系统的安全保护等级应当根据信息系统在国家安全、经济建设、社会生活中的重要程度，信息系统遭到破坏后对国家安全、社会秩序、公共利益以及公民、法人和其他组织的合法权益的危害程度等因素确定。信息系统的安全保护等级分为以下五级：

第一级，信息系统受到破坏后，会对公民、法人和其他组织的合法权益造成损害，但不损害国家安全、社会秩序和公共利益。第一级信息系统运营、使用单位应当依据国家有关管理规范和技术标准对该级信息系统安全进行保护。

第二级，信息系统受到破坏后，会对公民、法人和其他组织的合法权益产生严重损害，或者对社会秩序和公共利益造成损害，但不损害国家安全。国家信息安全监管部门对该级信息系统安全等级保护工作进行指导。

第三级，信息系统受到破坏后，会对社会秩序和公共利益造成严重损害，或者对国家安全造成损害。国家信息安全监管部门对该级信息系统安全等级保护工作进行监督、检查。

第四级，信息系统受到破坏后，会对社会秩序和公共利益造成特别严重损害，或者对国家安全造成严重损害。国家信息安全监管部门对该级信息系统安全等级保护工作进行强制监督、检查。

第五级，信息系统受到破坏后，会对国家安全造成特别严重损害。国家信息安全监管部门对该级信息系统安全等级保护工作进行专门监督、检查。

计算机信息系统安全保护等级划分为：

第一级：用户自主保护级。本级的计算机信息系统可信计算基可隔离用户与数据，使用户具备自主安全保护的能力。

第二级：系统审计保护级。与用户自主保护级相比，本级的计算机信息系统可信计算基实施了粒度更细的自主访问控制，它通过登录规程、审计安全性相关事件和隔离资源，实现用户对自己的行为负责。

第三级：安全标记保护级。本级的计算机信息系统可信计算基具有系统审计保护级所有功能。

第四级：结构化保护级。本级的计算机信息系统可信计算基建立于一个明确定义的形式化安全策略模型之上，它要求将第三级系统中的自主和强制访问控制扩展到所有主体与客体。

第五级：访问验证保护级。本级的计算机信息系统可信计算基满足访问监控器需求。访问监控器仲裁主体对客体的全部访问。

（二）实施原则

《信息系统安全等级保护实施指南》明确了以下基本原则：

（1）自主保护原则：信息系统运营、使用单位及主管部门按照国家相关法规和标准，自主确定信息系统的安全保护等级，自行组织实施安全保护。

（2）重点保护原则：根据信息系统的重要程度、业务特点，通过划分不同安全保护等级的信息系统，实现不同强度的安全保护，集中资源优先保护涉及核心业务或关键信息资产的信息系统。

（3）同步建设原则：信息系统在新建、改建、扩建时应当同步规划和设计安全方案，投入一定比例的资金建设信息安全设施，保障信息安全与信息化建设相适应。

（4）动态调整原则：要跟踪信息系统的变化情况，调整安全保护措施。由于信息系统的应用类型、范围等条件的变化及其他原因，安全保护等级需要变更的，应当根据等级保护的管理规范和技术标准的要求，重新确定信息系统的安全保护等级，根据信息系统安全保护等级的调整情况，重新实施安全保护。

三、网络安全等级保护标准的发展历程和现状

在信息安全等级保护中，等级保护 1.0 指的是在信息安全领域内唯一的强制标准 GB 17859《计算机信息系统安全保护等级划分准则》以及随后多项政策文件引导下，以 2008 年发布的 GB/T 22239-2008《信息安全技术　信息系统安全等级保护基本要求》(以下简称《基本要求》)为基础标准，由公安部各级网监机构推动的重要信息系统和基础网络的定级、备案、测评、整改、监督检查等一系列等级保护相关工作（都有相关国家标准和流程)。因为《基本要求》为等级保护工作的核心标准内容,是系统进行安全规划、设计、建设、整改的指导标准，其他内容为辅助性标准，因此将《基本要求》的 2008 版本及其配套政策文件和标准习惯称为等级保护 1.0 标准。

在经历多年的试点、推广、行业标准制定、落实工作后，由于新技术、新应用、新业务形态的大量出现，尤其是大数据、物联网、云计算等的大量应用，同时安全趋势和形势也发生变化，原来发布的标准已经不再适用于当前安全要求，或者在新技术和新应用下已经不能满足要求，需要重新制定新的等级保护基础要求标准。因此，从 2015 年开始，等级保护的安全要求逐步开始制定 2.0 标准。但此次除了对通用系统制定一般要求外，还增加了对云计算、大数据、移动互联、工控、物联网等方面的安全扩展性要求，丰富了防护内容和要求，同时也精简了很多多余或者不必要的内容，增加了对无线网络、网络集中监控等的要求，相关系列标准包括:《信息安全技术网络安全等级保护基本要求　第 1 部分：安全通用要求》《信息安全技术网络安全等级保护基本要求　第 2 部分：云计算安全扩展要求》《信息安全技术网络安全等级保护基本要求　第 3 部分:移动互联安全扩展要求》《信息安全技术网络安全等级保护基本要求　第 4 部分：物联网安全扩展要求》《信息安全技术网络安全等级保护基本要求　第 5 部分：工业控制系统安全扩展要求》。

2017 年 6 月 1 日,《中华人民共和国网络安全法》正式颁布施行，该法第二十一条明确规定：国家实行网络安全等级保护制度。网络运营者应当按照网络安全等级保护制度的要求，履行安全保护义务。

为了更好地适应时代发展，迎接网络与信息技术快速发展创新带来的安全新问题、新挑战，保障我国政府、企业等关键信息基础设施在新技术、新设施、新应用为代表的新经济、新环境下的平稳运行与数据安全，公安部与时俱进、勇于创新，提出并制定了网络安全等级保护 2.0，以安全技术保障、安全管理运营、安全监测预警、安全应急响应为核心，全面指明了我国关键信息基础设施安全保障的原则、方法与手段，成为我国未来十年关键信息基础设施安全保障最基础、最核心、最重要的权威制度。

等级保护 2.0 与正在执行的等级保护 1.0（GB/T 22239-2008）相比最大的变化在于补充提出了四项安全扩展要求，分别是：云计算安全扩展要求、移动互联网安全扩展要求、物联网安全扩展要求和工业控制系统安全扩展要求。

练一练

单项选择题

信息系统安全保护等级分为（ ）。

A. 三级

B. 四级

C. 五级

D. 六级

【解析】本题正确答案为C。

学完上述内容以后，大家应该知道信息安全等级保护将信息安全分级，这样可以通过级数正确布置安全策略。

在本部分中，如果你能够说出信息安全等级保护中对信息系统或计算机信息的安全保护等级划分，那么，恭喜你，你已经掌握了本部分的知识。请认真完成在线学习活动21，它将有助于你更好地巩固本部分的相关内容。

到这里，本单元的学习之旅就算告一段落了，请大家记得按时完成本单元的作业，然后上传至网络平台中的“本单元作业”处。

拓展阅读

1. 陈忠文 . 信息安全标准与法律法规 . 武汉：武汉大学出版社，2008.

2. 冯登国，张阳，张玉清 . 信息安全风险评估综述 . 通信学报，2004, 25(7): 10–18.

3. 公安部，国家保密局，国家密码管理局，国务院信息化工作办公室 . 信息安全等级保护管理办法 . 公通字〔2007〕43号 .

单元小结

本单元主要讲述了信息安全管理、信息安全法、信息安全等级保护。我们学完本单元，应该能够认识到随着全球信息化和信息技术的不断发展，信息化应用的不断推进，信息安全显得越来越重要，信息安全形势日趋严峻：一方面信息安全事件发生的频率大规模增加，另一方面信息安全事件造成的损失越来越大。另外，信息安全问题日趋多样化，客户需要解决的信息安全问题不断增多，解决这些问题所需要的信息安全手段不断增加。确保计算机信息系统和网络的安全，特别是国家重要基础设施信息系统的安全，已成为信息化建设过程中必须解决的重大问题。正是在这样的背景下，信息安全被提到了空前的高度。国家也从战略层面对信息安全的建设提出了指导要求。我们作为消费者、使用者在上网时要注意这些给我们造成精神或财富上损失的侵害，加强防范，不给犯罪分子可乘之机，安装正版软件，防止木马病毒的入侵。同时不管我们在计算机网络方面多么的娴熟，都不应该违反信息安全法律法规，这样我们的上网环境才更加安全，我们的利益才能得到保证。

以上就是本单元的全部内容，感谢大家的努力，继续保持，加油！

第七单元

黑客攻击技术

Unit

学习导引

同学们好！欢迎你们来到“网络安全与管理”课程的课堂。这门课程将带领我们更好地了解信息安全，了解信息安全给我们带来的影响，以及通过各种手段来防范各类信息安全问题。首先，让我们回想在自己喜欢的好莱坞大片中，在每个解决问题的TEAM中黑客是不是必不可少的？他们通过在电脑中敲入代码或者使用工具获得各种系统的控制权限或者关键数据，那么在现实中我们可以这样操作吗？在这里，我们先不做更多的解释，请你们带着疑问，共同进入本单元的主题！

本单元，我们将共同学习攻击一般流程、攻击的方法与技术、网络后门与网络隐身、攻击常用工具等内容。学完之后，相信你对黑客攻击将会有一个全新的认识，通过这些攻击知识增强安全防范，甚至通过攻击方式发现全新的防御方法或技术等。

在本单元的学习之旅中，需要你们认真学习本单元的内容，观看教学视频，完成在线学习活动以及作业。只有按照要求完成上述所有环节的内容，你才算完成了本单元的学习任务。

学习目标

学完本单元内容之后，你将能够：

（1）描述黑客攻击的一般流程；

（2）学会黑客攻击的方法与技术；

（3）举例说明在每个流程使用到的工具。

接下来，让我们一步步深入理解本单元的学习内容吧。首先，我们来熟悉一下本单元内容的整体框架。

知识结构图

图 7－1 是本单元内容的整体框架以及学习这部分内容的思维过程规划。此图可以帮助大家从整体上了解本单元的知识结构和学习路径，包括攻击一般流程、攻击的方法与技术、网络后门与网络隐身、攻击常用工具。请大家仔细品读和理解，帮助自己建立对本部分知识的整体印象。

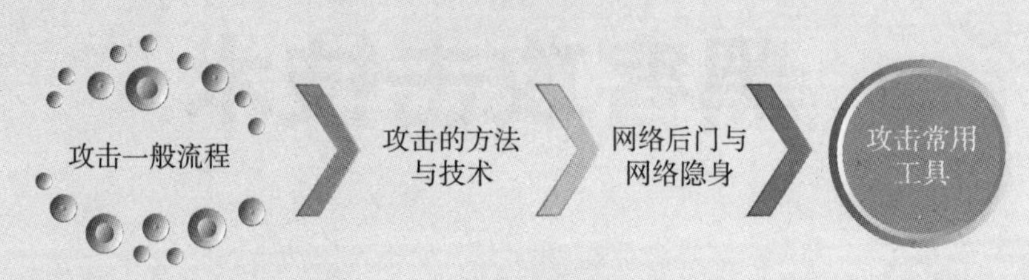

图 7－1　本单元知识结构图

看完上面的知识结构图后，大家是否已经对本单元所要学的内容以及如何学习这些内容，有一个初步的整体印象了呢？接下来，我们在这个整体框架的指引下逐一学习每个知识点的具体内容。我们需要在理解黑客攻击的一般流程的基础上，重点学习攻击的方法与技术以及攻击常用工具。结合实践经验和对相关问题的认识，将理论与实践相结合。

知识点 1 攻击一般流程

学前思考 1：

面对一个将要攻击的网站，黑客会从哪里开始，经历什么样的流程才能获得这个网站的数据？

请你参考更多资料，思考一下，黑客攻击的流程是怎样的。

你想好了吗？那我们带着问题学习以下内容吧。

本节知识重点

学习提示：黑客攻击的方法虽不是一成不变，但是也有一定的套路，一般分为五个步骤：踩点、扫描、获得权限、提升权限、清除痕迹。在本部分中，我们需要重点关注黑客攻击的这五个步骤。如若单纯阅读教材上的内容有障碍，我们还可以通过观看视频《程序：攻击一般流程》来加深理解，然后完成在线学习活动 22。接下来，让我们一起认真学习黑客攻击步骤的相关内容。图 7－2 是黑客攻击工具的示意图。

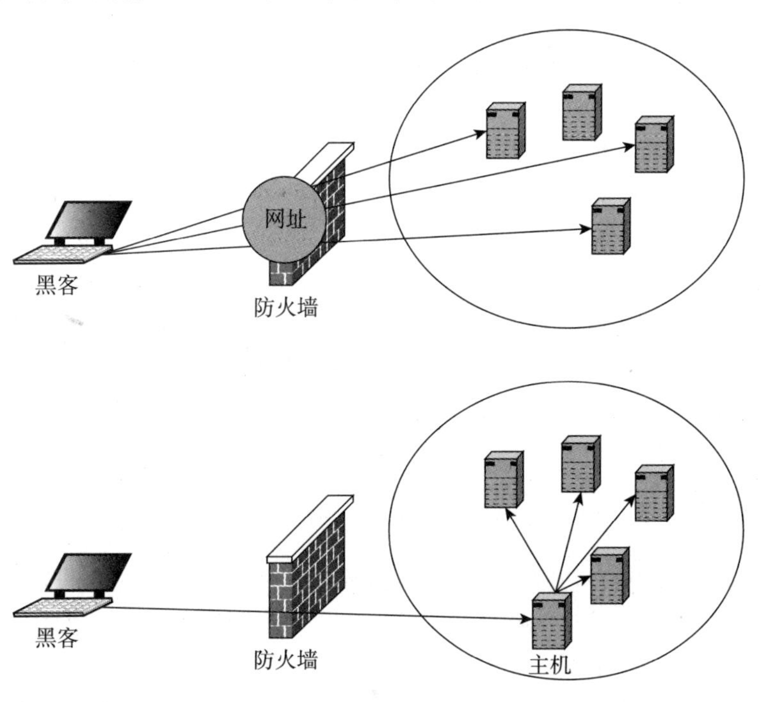

图 7－2　黑客攻击工具示意图

一、黑客

黑客（Hacker），通常是指对计算机科学、编程和设计方面具高度理解的人。

在信息安全里，黑客也指研究智取计算机安全系统的人员。利用公共通信网络，如互联网和电话系统，在未经许可的情况下，载入对方系统的黑客被称为黑帽黑客（Black Hat，另称 Cracker）；调试和分析计算机安全系统的黑客被称为白帽黑客（White Hat）。“黑客”一词最早用来称呼研究盗用电话系统的人士。

在业余计算机方面，黑客指研究修改计算机产品的业余爱好者。20 世纪 70 年代，很多群落聚焦在硬件研究；80 年代及 90 年代，很多群落聚焦在软件更改（如编写游戏模组、攻克软件版权限制）。

最早的计算机于 1946 年在宾夕法尼亚大学诞生，而最早的黑客出现于麻省理工学院，贝尔实验室也有。最初的黑客一般都是一些高级的技术人员，他们热衷于挑战、崇尚自由并主张信息的共享。

1994 年以来，因特网在中国乃至世界的迅猛发展，为人们提供了方便、自由和无限的财富。政治、军事、经济、科技、教育、文化等各个方面都越来越网络化，并且逐渐成为人们生活、娱乐的一部分。可以说，信息时代已经到来，信息已成为物质和能量以外维持人类社会的第三资源，它是未来生活中的重要介质。而随着计算机的普及和因特网技术的迅速发展，黑客也随之出现了。

黑客与红客、蓝客等的区别如下：

黑客：最早源自英文 Hacker，早期在美国的电脑界是带有褒义的。他们都是水平高超的电脑专家，尤其是程序设计人员，算是一个统称。

红客：维护国家利益，代表中国人民意志的黑客，他们热爱自己的祖国、民族、和平，极力维护国家安全与尊严。

蓝客：信仰自由，提倡爱国主义的黑客们，用自己的力量来维护网络的和平。

骇客：是“Cracker”的音译，就是“破解者”的意思。从事恶意破解商业软件、恶意入侵别人的网站等事务。与黑客近义，其实黑客与骇客本质上都是相同的，是闯入计算机系统 / 软件者。

白帽：越来越多的黑客前辈们选择了退隐，但不代表他们离开了网络世界。他们还会继续挖掘网络漏洞，传授自己的经验。挖掘漏洞并且公开的黑客，称之为白帽。而白帽网站（如乌云），就是他们交流学习 / 提交自己挖掘的漏洞的地方。

二、安全漏洞

漏洞是在硬件、软件、协议的具体实现或系统安全策略上存在的缺陷，从而可以使攻击者能够在未授权的情况下访问或破坏系统。它是受限制的计算机、组件、应用程序或其他联机资源中无意间留下的不受保护的入口点。

计算机漏洞是指计算机系统具有的某种可能被入侵者恶意利用的属性。通常又称作脆弱性。

恶意的主体（攻击者或者攻击程序）能够利用这组特征，通过已授权的手段和方式获取对资源的未授权访问，或者对系统造成损害。这里的漏洞包括单个计算机系统的漏洞，也包括计算机网络系统的漏洞。

（一）漏洞的类型

网络安全漏洞是“不可避免”的，这是由网络系统的高度复杂性所决定的。

1. 操作系统漏洞

操作系统漏洞主要指操作系统本身由于实现中的问题而造成的漏洞。该类漏洞主要集中在系统网络协议的实现部分。由于涉及系统底层，往往很难弥补并容易造成重大影响。不过由于操作系统往往比较成熟并且经历了大量的测试，因此这种类型漏洞相对较少，且使用这些漏洞所需的技术含量较高。

2. 应用服务漏洞

应用服务漏洞指各种应用服务在处理服务请求时存在的安全漏洞。相对于操作系统来说，应用服务由于种类繁多且具体实现没有操作系统那样经过广泛测试，往往存在很多问题，如对输入判断不够完全、开发中没有考虑安全防护等。目前大部分漏洞检测行为，主要针对应用服务漏洞。

3. 配置漏洞

在一些网络系统中忽略了安全策略的制定，即使采取了一定的网络安全措施，但由于系统的安全配置不合理或不完整，安全机制没有发挥作用；或者在网络环境发生变化后，由于没有及时更改系统的安全配置而造成安全漏洞。

（二）存在漏洞的原因

从技术角度而言，漏洞的来源有以下几个方面：

（1）软件或协议设计和实现的缺陷，如 NFS 本身不包括认证机制；不对输入数据的合法性进行检查。

（2）错误配置，如 SQL Server 的默认安装、FTP 服务器的匿名访问。

（3）测试不充分，大型软件日益复杂，软件测试不完善，甚至缺乏安全测试。

（4）安全意识薄弱，如选取简单口令。

（5）管理人员的疏忽，如没有良好的安全策略及执行制度，重技术，轻管理。

（三）常见安全漏洞

（1）代码注入。包括 SQL 注入在内的广义攻击，它取决于插入代码并由应用程序执行。

（2）会话固定。这是一种会话攻击，攻击者可以通过该漏洞劫持一个有效的用户会话。会话固定攻击可以在受害者的浏览器上修改一个已经建立好的会话，因此，在用户登录前可以进行恶意攻击。

（3）路径访问，或者目录访问。该漏洞旨在访问储存在 Web 根文件外的文件或者目录。

（4）弱密码。字符少、数字长度短以及缺少特殊符号。这种密码相对容易破解。

（5）硬编码加密密钥，提供一种虚假的安全感。一些人认为在存储之前将硬编码密码分散可以有助于保护信息免受恶意用户攻击。但是许多这种分散是可逆的过程。

（四）发掘方法

首先必须清楚安全漏洞是软件 BUG 的一个子集，一切软件测试的手段都对安全漏洞发掘适用。现在黑客用的各种漏洞发掘手段里有模式可循的有以下几种。

1. Fuzz 测试（黑盒测试）

通过构造可能导致程序出现问题的方式输入数据进行自动测试。

2. 源码审计（白盒测试）

现在有一系列的工具都能协助发现程序中的安全 BUG，最简单的就是最新版本的 C 语言编译器。

3. IDA 反汇编审计（灰盒测试）

这和上面的源码审计非常类似，唯一不同的是很多时候你能获得软件，但你无法拿到源码来审计，但 IDA 是一个非常强大的反汇编平台，能让你基于汇编码（其实也是源码的等价物）进行安全审计。

4. 动态跟踪分析

就是记录程序在不同条件下执行的和安全问题相关的全部操作（如文件操作），然后分析这些操作序列是否存在问题，这是竞争条件类漏洞发现的主要途径之一，其他的污点传播跟踪也属于这类。

5. 补丁比较

厂商的软件出了问题通常都会在补丁中解决，通过对比补丁前后文件的源码（或反汇编码）就能了解到漏洞的具体细节。

以上手段中无论是用哪种都涉及一个关键点：需要通过人工分析来找到全面的流程覆盖路径。分析手法多种多样，有分析设计文档、分析源码、分析反汇编代码、动态调试程序等。

三、踩点

踩点就是收集目标信息的技巧，通过踩点找寻你感兴趣的信息。《孙子兵法》曰："知己知彼，百战不殆；不知彼而知己，一胜一负；不知彼不知己，每战必殆。"通过对目标进行有计划、有步骤的踩点，收集整理出一份关于该目标的信息安防现状完整剖析图。

踩点是必需的，不管是黑客还是渗透测试人员，在对目标进行攻击或者测试时都要先经过踩点，知道它的相关信息找到可以利用的漏洞资源，同时踩点必须在可控制的条件下完成。

主要收集域名、网络地址和子网、可以直接从因特网访问的各个系统的具体 IP 地址等。

（一）踩点的方式

踩点主要有被动和主动两种方式。

1. 被动方式

嗅探网络数据流、窃听。

2. 主动方式

从 Arin 和 Whois 数据库获得数据，查看网站源代码，社交工程。

黑客通常都是通过对某个目标进行有计划、有步骤的踩点，收集和整理出一份目标站点信息安全现状的完整剖析图，结合工具的配合使用，来完成对整个目标的详细分析，找出可下手的地方。

（二）踩点的作用

通过踩点主要收集以下可用信息：

网络域名：DNS（Domain Name System）域名系统、网络地址范围、关键系统（如名字服务器、电子邮件服务器、网关等）的具体位置。

内部网络：基本上跟外网比较相似，但是进入内网以后主要是靠工具和扫描来完成踩点。

外部网络：目标站点的一些社会信息，包括企业的内部专用网，一般为 vpn.objectsite.com 或 objectsite.com/vpn，办公网一般为 oa.objectsite.com 或 objectsite.com/oa。这些都是我们可以获得目标站点信息的主要途径。

企业的合作伙伴、分支机构等其他公开资料：通过搜索引擎（Google、Baidu、Sohu、Yahoo 等）来获得目标站点里面的用户邮件列表、即时消息、新闻消息、员工的个人资料。

以上这些都是入侵渗透测试所必需的重要信息，也是黑客入侵的第一步。我们完全可以通过 Whois 查询工具，把目标站点的在线信息查出来，需要收集的信息包括 Internet Register 数据、目标站点上注册者的注册信息、目标站点组织结构信息、网络地址块的设备、联系人信息。

（三）针对操作系统分类踩点

1. 目前可用的手段

根据目前主流的操作系统，踩点主要有主动和被动两类。

被动操作系统踩点主要是通过嗅探网络上的数据包来确定发送数据包的操作系统或者可能接收到的数据包的操作系统。优点是用被动踩点攻击或嗅探主机时，并不产生附加的数据包，主要是监听并分析，一般操作是先攻陷一台薄弱的主机，在本地网段内嗅探数据包，以识别被攻陷主机能够接触到的机器操作系统的类型。

主动操作系统识别是主动针对目标机器的数据包进行分析和回复。缺点：很容易惊动目标，把入侵者暴露给 IDS 系统。

2. 识别操作系统类型

黑客入侵中最关键的环节就是操作系统的识别。通过端口扫描软件来检查开放的端口，一些操作系统默认情况下监听的端口与其他操作系统不同，根据这个我们能探明对方使用的是什么操作系统。根据操作系统的一些漏洞，可以编写出相应的 Expolit。如果不会写程序可以使用漏洞扫描工具对目标主机的入侵，最终取得目标主机上的核心资料或者具有商业价值的东西。

3. 获取信息

操作系统的信息获取过程黑客通常是通过扫描来完成，可用的手段有 PING 扫描和端口扫描。

PING 扫描：扫描操作很简单，命令：ping c:\ping www.objectsite.com，目的主要就是靠 ICMP 得到目标站点的信息、主机连接情况等，通过返回的 TTL 值得到对方主机的操作系统。

端口扫描：可以通过工具的扫描结果，得到主机属于 UNIX 平台还是 WIN 平台，开放哪些端口。比如开放了 1433，就可以判断出主机安装有 MSSQL 数据库，然后再通过 SQL 扫描软件或者其他工具来测试出目标主机是否存在默认账号和空口令，例如用户名为 sa，口令为空。很多人在装完数据库以后，在设置用户名和密码时，设置得过于简单，这时扫描也能在踩点步骤中发挥重大的作用。

四、扫描

针对某个网址的后台地址，可以使用注入工具扫描。扫描技术是一种基于 Internet 远程检测目标网络或本地主机安全性弱点的技术。扫描器则是自动检测远程或本地主机安全性弱点的程序。通过网络安全扫描，系统管理员能够发现所维护的网络设备的各种 TCP/IP 端口的分配、开放的服务、Web 服务软件版本和这些服务及软件呈现在 Internet 上的安全漏洞。

黑客在入侵系统之前，通常对攻击目标进行扫描。一次完整的网络扫描主要分为以下 3 个阶段：

（1）发现目标主机或网络。

（2）进一步搜索目标信息，包括操作系统类型、服务及服务软件的版本。如果目标是网络，还可以进一步发现网络的拓扑结构、路由设备及主机信息。

（3）根据搜索到的信息判断或者进一步检测系统是否存在安全漏洞。

按照扫描过程，可以将扫描器分为以下 3 类：

（1）主机存活扫描器。仅探测对方主机是否在线。

（2）端口扫描器。端口扫描器不仅探测对方主机所开放的端口，而且需探测对方主机是否在线。通过向目标主机的 TCP/IP 服务端口发送探测数据包，并记录目标主机的响应，通过分析响应来判断服务端口是打开还是关闭，就可以得知端口提供的服务和信息。

（3）漏洞扫描器。通过模拟黑客的攻击手法，对目标主机系统进行攻击性的安全漏洞扫描，如测试弱口令等。若模拟攻击成功，则表明目标主机系统存在安全漏洞。

通过上述操作搜集来的信息，选择采用何种方式入侵，例如 Web 网址入侵、服务器漏洞入侵、社会工程学欺骗入侵等。

五、获取权限

黑客选择的目标是可以为黑客提供有用信息，或者可以作为攻击其他目标的起点。在这两种情况下，黑客都必须取得一台或者多台网络设备某种类型的访问权限。

通过 Web 入侵，利用系统漏洞获取管理员后台密码，然后登录后台，上传各类网页木马之后，就可以获得权限，但木马的权限可能比较少，所以还需要提升权限。

六、提升权限

具有超级用户的权限，意味着可以做任何事情，这对入侵者无疑是一个莫大的诱惑。在 UNIX 系统中支持网络监听程序必须有这种权限，因此在一个局域网中，掌握了一台主机的超级用户权限，才可以说掌握了整个子网。

提升权限可以采用系统服务的方法、社会工程学方法等。

七、清除痕迹

网络入侵的背后将会诞生一场永不落幕的追踪与反追踪游戏，在这场猫捉老鼠的游戏中，黑客一旦失败，可能会有牢狱之灾。为了避免被发现，黑客通常会使用各种隐匿行踪的技术手段。在实现攻击的目的后，黑客通常会采取各种措施来隐藏入侵的痕迹，并为今后可能的访问留下控制权限，通常会清理系统日志、IIS 日志以及第三方软件日志等。

学完上面的内容后，你是否对黑客一般的攻击流程有了一个清晰的认识呢？

练一练

单项选择题

在黑客攻击技术中，（　　）是黑客发现获得主机信息的一种最佳途径。

A. 端口扫描　　B. 网络监听　　C. 口令破解　　D. 木马程序

【解析】端口扫描器不仅要探测对方主机所开放的端口，而且需探测对方主机是否在线。本题正确答案为 A。

经过前面的学习，如果你能复述或者用自己的语言来回答黑客的一般攻击流程中五个步骤的目的、方法，那么恭喜你，你已经较好地掌握了本部分的内容。请记得完成在线学习活动 21。

请你做好本部分的梳理总结，稍做休息，我们继续进行下一个知识点的学习。

知识点 2 攻击的方法与技术

学前思考 2：

在知识点 1 中，攻击流程说得轻描淡写，感觉非常简单，但是在第一步我就犯了难，要使用什么技术才能实现，尤其后期要如何进行破解密码、Web 攻击呢？

本节知识重点

学习提示：根据知识点 1 的学习，黑客的攻击流程有五个步骤，但是该如何具体地进行攻击，如何使用技术来进行攻击呢？接下来，我们将继续学习攻击的方法与技术，之后请大家观看视频资源《方法：攻击的方法与技术》，加深对该部分内容的理解，然后完成在线学习活动 22。

网上的攻击方式很多，这里介绍了 7 种常用的攻击方法与技术，包括密码破解、SQL 注入攻击、跨站脚本攻击、跨站请求伪造攻击、缓冲区溢出攻击、拒绝服务攻击、社会工程学攻击。

一、密码破解

在第五单元我们着重介绍了密码学，在攻击过程中，破解密码也是一个重要技术。下面列出几个常用技术用于密码破解。

（一）字典攻击

在破解密码或密钥时，逐一尝试用户自定义词典中的可能密码（单词或短语）的攻击方式。

（二）暴力攻击

与字典攻击类似，暴力攻击会逐一尝试所有可能的组合密码。暴力攻击不是简单地使用单词，而是通过使用从 aaa1 到 zzz10 的所有可能的字母数字组合来检测非字典单词。就处理能力（包括利用视频卡 GPU 的能力）和机器号（比如使用在线比特币矿工等分布式计算模型）而言，暴力攻击可以通过增加额外的计算能力来缩短时间。

（三）恶意软件

通过恶意软件在电脑中安装键盘记录器或屏幕抓取工具，它可以记录在登录过程中输入的所有内容或截取屏幕截图，然后将此文件的副本转发给黑客。

某些恶意软件会查找 Web 浏览器客户端存储的密码文件，并复制该文件。除非经过正确加密，否则密码将很容易被破解。

（四）其他

在密码学的单元中，我们知道可以对密码进行加密，如果可以通过其他渠道得知被加密过的密码，那么就可以通过密码的特征猜测密码的明文。

二、SQL 注入攻击

SQL 注入是通过把 SQL 命令插入 Web 表单提交或者是输入域名或页面请求的查询字符串，最终达到欺骗服务器执行恶意的 SQL 命令。具体来说，它是利用现有应用程序，将（恶意的）SQL 命令注入后台数据库引擎执行的能力，它可以通过在 Web 表单中输入（恶意）SQL 语句得到一个存在安全漏洞的网站上的数据库，而不是按照设计者意图去执行 SQL 语句。

SQL 注入是依赖于开发人员没测试输入数据的疏漏的攻击。SQL 注入攻击指的是通过构建特殊的输入作为参数传入 Web 应用程序，而这些输入大都是 SQL 语法里的一些组合，通过执行 SQL 语句进而执行攻击者所要的操作，其主要原因是程序没有细致地过滤用户输入的数据，致使非法数据侵入系统。

（一）攻击步骤——SQL 注入漏洞的判断

一般来说，SQL 注入存在于形如：HTTP://xxx.xxx.xxx/abc.asp?id=XX 等带有参数的 ASP 动态网页中，有时一个动态网页中可能只有一个参数，有时可能有 *n* 个参数，有时是整型参数，有时是字符串型参数，不能一概而论。总之只要是带有参数的动态网页且此网页访问了数据库，那么就有可能存在 SQL 注入。如果 ASP 程序员没有安全意识，不进行必要的字符过滤，存在 SQL 注入的可能性就非常大。

为了全面了解动态网页回答的信息，首选调整 IE 的配置。把 IE 菜单—工具—Internet 选项—高级—显示友好 HTTP 错误信息前面的钩去掉。

为了把问题说明清楚，以下以 HTTP://xxx.xxx.xxx/abc.asp?p=YY 为例进行分析，YY 可能是整型，也有可能是字符串。

1. 整型参数的判断

当输入的参数 YY 为整型时，通常 abc.asp 中 SQL 语句原貌大致如下：

select * from 表名 where 字段 =YY，所以可以用以下步骤测试 SQL 注入是否存在。

2. 字符串型参数的判断

当输入的参数 YY 为字符串时，通常 abc.asp 中 SQL 语句原貌大致如下：

select * from 表名 where 字段 =’YY’，所以可以用以下步骤测试 SQL 注入是否存在。

3. 特殊情况的处理

有时 ASP 程序员会过滤掉单引号等字符，以防止 SQL 注入。此时可以用以下几种方法试一试：

（1）大小写混合法：由于 VBS 并不区分大小写，而程序员在过滤时通常要么全部过滤大写字符串，要么全部过滤小写字符串，而大小写混合往往会被忽视。如用 SelecT 代替 select, SELECT 等。

（2）UNICODE 法：在ⅡS 中，以 UNICODE 字符集实现国际化，我们完全可以 IE 中输入的字符串化成 UNICODE 字符串进行输入。如 + =%2B，空格 =%20 等。

（3）ASCⅡ码法：可以把输入的部分或全部字符全部用 ASCⅡ码代替，如 U=chr（85），a=chr（97）等。

（二）攻击步骤——分析数据库服务器类型

一般来说，ACCESS 与 SQL-SERVER 是最常用的数据库服务器，尽管它们都支持 T-SQL 标准，但也有不同之处，而且不同的数据库有不同的攻击方法，必须要区别对待，利用数据库服务器的系统变量进行区分。

SQL-SERVER 有 user,db_name() 等系统变量，利用这些系统值不仅可以判断 SQL-SERVER，而且还可以得到大量有用信息。如：

（1）HTTP://xxx.xxx.xxx/abc.asp?p=YY and user>0 不仅可以判断是否是 SQL-SERVER，而且可以得到当前连接到数据库的用户名。

（2）HTTP://xxx.xxx.xxx/abc.asp?p=YY&n ... db_name()>0 不仅可以判断是否是 SQL-SERVER，而且可以得到当前正在使用的数据库名。

（三）攻击步骤——发现 WEB 虚拟目录

只有找到 Web 虚拟目录，才能确定放置 ASP 木马的位置，进而得到 USER 权限。以下两种方法比较有效：

一是根据经验猜解，一般来说，Web 虚拟目录是：c:\inetpub\wwwroot; D:\inetpub\wwwroot; E:\inetpub\wwwroot 等，而可执行虚拟目录是：c:\inetpub\scripts; D:\inetpub\scripts; E:\inetpub\scripts 等。

二是遍历系统的目录结构，分析结果并发现 Web 虚拟目录。

（四）攻击步骤——上传 ASP 木马

所谓 ASP 木马，就是一段有特殊功能的 ASP 代码，并放入 Web 虚拟目录的 Scripts 下，远程客户通过 IE 就可执行它，进而得到系统的 USER 权限，实现对系统的初步控制。

上传 ASP 木马一般有以下两种比较有效的方法。

1. 利用 Web 的远程管理功能

许多 Web 站点，为了维护的方便，都提供了远程管理的功能；也有不少 Web 站点，其内容是对于不同的用户有不同的访问权限。为了达到对用户权限的控制，都有一个网页，要求用户名与密码，只有输入了正确的值，才能进行下一步的操作，实现对 Web 的管理，如上传 / 下载文件、目录浏览、修改配置等。

因此，若获取正确的用户名与密码，不仅可以上传 ASP 木马，有时甚至能够直接得到 USER 权限而浏览系统，上一步"发现 Web 虚拟目录"的复杂操作都可省略。

2. 利用表内容导成文件功能

SQL 有 BCP 命令，它可以把表的内容导成文本文件并放到指定位置。利用这项功能，我们可以先建一张临时表，然后在表中一行一行地输入一个 ASP 木马，然后用 BCP 命令导出形成 ASP 文件。

（五）攻击步骤——得到系统的管理员权限

ASP 木马只有 USER 权限，要想获取对系统的完全控制，还要有系统的管理员权限。提升权限的方法有很多种，例如：

（1）上传木马，修改开机自动运行的 .ini 文件；

（2）复制 CMD.exe 到 scripts，人为制造 UNICODE 漏洞；

（3）下载 SAM 文件，破解并获取 OS 的所有用户名、密码。

视系统的具体情况而定，可以采取不同的方法。

三、跨站脚本攻击

跨站脚本攻击（也称为 XSS）是指攻击者利用网站程序对用户输入过滤不足，输入可以显示在页面上对其他用户造成影响的 HTML 代码，从而盗取用户资料，利用用户身份进行某种动作或者对访问者进行病毒侵害的一种攻击方式。

攻击者在网页上发布包含攻击性代码的数据。当浏览者看到此网页时，特定的脚本就会以浏览者用户的身份和权限来执行。通过 XSS 可以比较容易地修改用户数据、窃取用户信息，以及造成其他类型的攻击。

四、跨站请求伪造攻击

跨站请求伪造（Cross-Site Request Forgery，简称 CSRF），可以被理解为攻击者盗用了你的身份，以你的名义发送恶意请求。攻击者通过用户的浏览器来注入额外的网络请求，进而破坏一个网站会话的完整性。而浏览器的安全策略是允许当前页面发送到任何地址的请求，因此也就意味着当用户在浏览他 / 她无法控制的资源时，攻击者可以控制页面的内容来控制浏览器发送其精心构造的请求。

五、缓冲区溢出攻击

缓冲区溢出攻击是利用缓冲区溢出漏洞所进行的攻击行动。缓冲区溢出是指当计算机向缓冲区内填充数据位数时超过了缓冲区本身的容量，溢出的数据覆盖在合法数据上。理想的情况是：程序会检查数据长度，而且不允许输入超过缓冲区长度的字符。但是绝大多数程序都会假设数据长度总是与所分配的储存空间相匹配，这就为缓冲区溢出埋下隐患。操作系统所使用的缓冲区，又被称为“堆栈”，在各个操作进程之间，指令会被临时储存在“堆栈”当中，“堆栈”也会出现缓冲区溢出。

六、拒绝服务攻击

（一）DoS 攻击

拒绝服务攻击即攻击者想办法让目标机器停止提供服务，攻击者进行拒绝服务攻击，实际上让服务器实现两种效果：一种是迫使服务器的缓冲区满，不接收新的请求；另一种是使用 IP 欺骗，迫使服务器把非法用户的连接复位，影响合法用户的连接。

拒绝服务攻击，英文名称是 Denial of Service，简称 DoS，即拒绝服务，造成其攻击行为被称为 DoS 攻击，其目的是使计算机或网络无法提供正常的服务。最常见的 DoS 攻击有计算机网络带宽攻击和连通性攻击。带宽攻击指以极大的通信量冲击网络，使得所有可用网络资源都被消耗殆尽，最后导致合法的用户请求无法通过。

（二）DDoS 攻击

分布式拒绝服务（Distributed Denial of Service, DDoS）攻击，指借助于客户 / 服务器技术，将多个计算机联合起来作为攻击平台，对一个或多个目标发动 DDoS 攻击，从而成倍地提高拒绝服务攻击的威力。通常，攻击者使用一个偷窃账号将 DDoS 主控程序安装在一个计算机上，在一个设定的时间主控程序将与大量代理程序通信，代理程序已经被安装在网络上的许多计算机上。代理程序收到指令时就发动攻击。利用客户 / 服务器技术，主控程序能在几秒钟内激活成百上千次代理程序的运行。

七、社会工程学攻击

社会工程学攻击，是一种利用“社会工程学”来实施的网络攻击行为。社会工程学指的是通过与他人的合法交流，来使其心理受到影响，做出某些动作或者是透露一些机密信息的方式。这通常被认为是一种欺诈他人以收集信息、行骗和入侵计算机系统的行为。

社会工程学是利用人的弱点，以顺从你的意愿、满足你的欲望的方式，让你上当的一些方法、一门艺术与学问。说它不是科学，因为它不是总能重复和成功，而且在信息充分多的情况下，会自动失效。社会工程学的窍门也蕴涵了各式各样的灵活的构思与变化因素。社会工程学是一种利用人的弱点如人的本能反应、好奇心、信任、贪便宜等弱点进行诸如欺骗、伤害等危害手段，获取自身利益的手法。

现实中运用社会工程学的犯罪很多。短信诈骗如诈骗信用卡号码，电话诈骗如以知名人士的名义去推销诈骗等，都运用到社会工程学的方法。

近年来，更多的黑客转向利用人的弱点即社会工程学方法来实施网络攻击，利用社会工程学手段突破信息安全防御措施的事件，已经呈现出上升甚至泛滥的趋势。

练一练

单项选择题

下列的攻击方法与技术，用于让目标机器停止提供服务的技术是（　　）。

A. 密码破解

B. 跨站脚本攻击

C. 缓冲区溢出攻击

D. DoS/DDoS 攻击

【解析】拒绝服务攻击即攻击者想办法让目标机器停止提供服务。本题正确答案为 D。

学完上述内容以后，大家应该知道黑客攻击的部分方法与技术。

在本部分中，如果你能够举例指出黑客攻击常用的方法和技术，那么，恭喜你，你已经掌握了本部分的知识。请认真完成在线学习活动 22，它将有助于你更好地巩固本部分的相关内容。

知识点 3 网络后门与网络隐身

学前思考 3：

在古希腊传说中，希腊联军围困特洛伊久攻不下。

希腊联军想到一个好办法，假装撤退，留下一具巨大的中空木马，特洛伊守军不知是计，把木马运进城中作为战利品。夜深人静之际，木马腹中躲藏的希腊士兵打开城门，特洛伊沦陷。

后人常用“特洛伊木马”这一典故，用来比喻在敌方营垒里埋下伏兵里应外合的活动。

那么特洛伊木马的典故可以用在黑客攻击上吗？

本节知识重点

学习提示： 根据知识点 2 的学习，我们知道了黑客攻击的方法与技术，但是它在攻击流程中只是一部分，如何清除痕迹，如何植入木马呢？接下来，我们将继续学习网络后门与网络隐身。之后请大家观看视频《案例分析：网络后门与隐身》，加深对该部分内容的理解，然后完成在线学习活动 23。

一、木马攻击

特洛伊木马目前一般可理解为“为进行非法目的的计算机病毒”，在电脑中潜伏，以达到黑客目的。现在有的病毒伪装成一个实用工具、一个可爱的游戏、一个位图文件甚至系统文件等，这会诱使用户通过将其打开等操作植到 PC 或者服务器上。这样的病毒也被称为“特洛伊木马”（Trojan Wooden-Horse），简称“木马”。

（一）原理

一个完整的特洛伊木马套装程序包含两部分：服务端（服务器部分）和客户端（控制器部分）。植入对方电脑的是服务端，而黑客正是利用客户端进入运行了服务端的电脑。运行了木马程序的服务端，会产生一个有着容易迷惑用户的名称的进程，暗中打开端口，向指定地点发送数据（如网络游戏的密码、实时通信软件密码和用户上网密码等）。黑客甚至可以利用这些打开的端口进入电脑系统，这时你电脑上的各种文件、程序，以及在你电脑上使用的账号、密码就无安全可言了。

特洛伊木马程序不能自动操作。一个特洛伊木马程序通常包含或者安装一个存心不良的程序，对一个不怀疑的用户来说，它可能看起来是有用或者有趣的计划（或者至少无害），但是实际上当它被运行时是有害的。 特洛伊木马不会自动运行，它是暗含在某些用户感兴趣的文档中，用户下载时附带的。当用户运行文档程序时，特洛伊木马才会运行，信息或文档才会被破坏和丢失。 特洛伊木马和后门不一样，后门指隐藏在程序中的秘密功能，通常是程序设计者为了能在日后随意进入系统而设置的。

木马程序不能算是一种病毒，但可以和最新病毒、漏洞利用工具一起使用，几乎可以躲过各大杀毒软件。尽管越来越多的新版杀毒软件可以查杀一些防杀木马了，但是不要认为使用有名的杀毒软件电脑就绝对安全，木马永远是防不胜防的，除非你不上网。

（二）木马的发展

木马程序技术发展可以说是非常迅速。主要是有些年轻人出于好奇，或是急于显示自己的实力，不断改进木马程序的编写。至今木马程序已经经历了 6 代改进。

第一代木马：伪装型病毒。这种病毒通过伪装成一个合法性程序诱骗用户上当。世界上第一个计算机木马是出现在 1986 年的 PC-Write 木马。它伪装成共享软件 PC-Write 的 2.72

版本（事实上，编写 PC-Write 的 Quicksoft 公司从未发行过 2.72 版本），一旦用户信以为真运行该木马程序，那么他的下场就是硬盘被格式化。此时的第一代木马还不具备传染特征。

第一代木马主要是简单的密码窃取，通过电子邮件发送信息等，具备了木马最基本的功能。

第二代木马：AIDS 型木马。继 PC-Write 之后，1989 年出现了 AIDS 木马。由于当时很少有人使用电子邮件，因此 AIDS 的作者就利用现实生活中的邮件进行散播：给其他人寄去一封封含有木马程序软盘的邮件。之所以叫这个名称是因为软盘中包含有 AIDS 和 HIV 疾病的药品及其价格、预防措施等相关信息。软盘中的木马程序在运行后，虽然不会破坏数据，但是它将硬盘加密锁死，然后提示受感染用户花钱消灾。

可以说，第二代木马已具备了传播特征（尽管是通过传统的邮递方式），在技术上有了很大的进步。

第三代木马：网络传播型木马。随着 Internet 的普及，这一代木马兼具伪装和传播两种特征，并结合 TCP/IP 网络技术四处泛滥。同时它还有以下新的特征：

第一，添加了后门功能。该功能的目的就是收集系统中的重要信息，例如财务报告、口令及信用卡号。此外，攻击者还可以利用后门控制系统，使之成为攻击其他计算机的帮凶。由于后门是隐藏在系统背后运行的，因此很难被检测到。

第二，添加了击键记录功能。

从名称上就可以知道，该功能主要是记录用户所有的击键内容，然后形成击键记录的日志文件发送给恶意用户。恶意用户可以从中找到用户名、口令以及信用卡号等用户信息。

这一代木马比较有名的是国外的 BO2000（BackOrifice）和国内的“冰河木马”。它们有如下共同特点：基于网络的客户端 / 服务器应用程序，具有搜集信息、执行系统命令、重新设置机器、重新定向等功能。当木马程序攻击得手后，计算机就完全成为黑客控制的“傀儡”主机，黑客成了超级用户，用户的所有计算机操作不但没有任何秘密而言，而且黑客可以远程控制“傀儡”主机对别的主机发动攻击，这时候被俘获的“傀儡”主机就成了黑客进行进一步攻击的挡箭牌和跳板。

第四代，在进程隐藏方面有了很大改动，采用了内核插入式的嵌入方式，利用远程插入线程技术，嵌入 DLL 线程。或者挂接 PSAPI，实现木马程序的隐藏，甚至在 Windows NT/2000 下,都达到了良好的隐藏效果。“灰鸽子”和“蜜蜂大盗”是比较出名的 DLL 木马。

第五代，驱动级木马。驱动级木马多数都使用了大量的 Rootkit 技术来达到深度隐藏的效果，并深入内核空间，感染后针对杀毒软件和网络防火墙进行攻击，可将系统 SSDT 初始化，导致杀毒防火墙失去效应。有的驱动级木马可驻留 BIOS，并且很难查杀。

第六代，随着身份认证 Usb Key 和杀毒软件主动防御的兴起，黏虫技术类型和特殊反显技术类型木马逐渐开始系统化。前者以盗取和篡改用户敏感信息为主，后者以动态口令和硬证书攻击为主。Pass Copy 和暗黑蜘蛛侠是这类木马的代表。

（三）特征及特性

特洛伊木马不经电脑用户准许就可获得电脑的使用权，程序容量十分轻小，运行时不会浪费太多资源，因此没有使用杀毒软件是难以发觉的。运行时很难阻止它的行动，运行后，立刻自动登录在系统启动区，之后每次在 Windows 加载时自动运行；或立刻自动变更文件名，甚至隐形；或马上自动复制到其他文件夹中，运行连用户本身都无法运行的动作；或浏览器自动连往奇怪或特定的网页。

木马的特性如下：

（1）包含在正常程序中，当用户执行正常程序时，启动自身，在用户难以察觉的情况下，完成一些危害用户的操作，具有隐蔽性。它的隐蔽性主要体现在以下两个方面：

1）不产生图标：木马虽然在系统启动时会自动运行，但它不会在“任务栏”中产生一个图标。这是容易理解的，不然的话，用户看到任务栏中出现一个来历不明的图标，必然会起疑心。

2）木马程序自动在任务管理器中隐藏，并以“系统服务”的方式欺骗操作系统。

（2）具有自动运行性。

木马为了控制服务端，它必须在系统启动时即跟随启动，所以它必须潜入启动配置文件，如 win.ini、system.ini、winstart.bat 以及启动组等。

（3）包含具有未公开并且可能产生危险后果的功能的程序。

（4）具备自动恢复功能。

很多的木马程序中的功能模块不再由单一的文件组成，而是具有多重备份，可以相互恢复。当你删除了其中的一个，以为万事大吉又运行了其他程序的时候，殊不知它又悄然出现，防不胜防。

（5）能自动打开特别的端口。

木马程序潜入电脑之中的目的主要不是破坏系统，而是为了获取系统中有用的信息。当你上网时能与远端客户进行通信，这样木马程序就会用服务器客户端的通信手段把信息告诉黑客们，以便黑客们控制你的机器，或实施进一步的入侵企图。

（6）功能的特殊性。

通常的木马功能都是十分特殊的，除了普通的文件操作以外，有些木马还具有搜索 Cache 中的口令、设置口令、扫描目标机器人的 IP 地址、进行键盘记录、进行远程注册表的操作以及锁定鼠标等功能。

（四）伪装方法

1. 修改图标

木马服务端所用的图标也是有讲究的，木马经常故意伪装成了 XT.HTML 等你可能认为对系统没有多少危害的文件图标，这样很容易诱惑你把它打开。

2. 捆绑文件

这种伪装手段是将木马捆绑到一个安装程序上，当安装程序运行时，木马便在用户毫无察觉的情况下，偷偷地进入了系统。被捆绑的文件一般是可执行文件（即 EXE、COM 一类的文件）。

3. 出错显示

有一定木马知识的人都知道，如果打开一个文件，没有任何反应，这很可能就是个木马程序。木马的设计者也意识到了这个缺陷，所以已经有木马提供了一个叫作出错显示的功能。当服务端用户打开木马程序时，会弹出一个错误提示框（这当然是假的），错误内容可自由定义，大多会定制成一些诸如“文件已破坏，无法打开！”之类的信息，当服务端用户信以为真时，木马已悄悄侵入了系统。

4. 自我销毁

这项功能是为了弥补木马的一个缺陷。我们知道，当服务端用户打开含有木马的文件后，木马会将自己拷贝到 Windows 的系统文件夹中（C:\windows 或 C:\windows\system 目录下）。一般来说，源木马文件和系统文件夹中的木马文件的大小是一样的（捆绑文件的木马除外），那么，中了木马的用户只要在收到的信件和下载的软件中找到源木马文件，然后根据源木马的大小去系统文件夹找相同大小的文件，判断一下哪个是木马就行了。而木马的自我销毁功能是指安装完木马后，源木马文件自动销毁，这样服务端用户就很难找到木马的来源，在没有查杀木马的工具帮助下，就很难删除木马了。

5. 木马更名

木马服务端程序的命名也有很大的学问。如果不做任何修改，就使用原来的名字，谁不知道这是个木马程序呢？所以木马的命名也是千奇百怪，不过大多是改为和系统文件名差不多的名字。如果你对系统文件不够了解，那可就危险了。例如，有的木马把名字改为 microsoft-windows.bat（原名应为“win.bat”或“windows.bat”），如果不告诉你这是木马的话，你敢删除吗？还有的就是更改一些后缀名，比如把 .dll 改为 .dl 等，不仔细看的话，你会发现吗？

二、网络后门

（一）后门概述

后门程序一般是指那些绕过安全性控制而获取对程序或系统访问权的程序方法。在软件的开发阶段，程序员常常会在软件内创建后门程序，以便可以修改程序设计中的缺陷。但是，如果这些后门被其他人知道，或是在发布软件之前没有删除后门程序，那么它就成了安全风险，容易被黑客当成漏洞进行攻击。

后门程序跟我们通常所说的“木马”有联系也有区别。联系在于：都是隐藏在用户系统中向外发送信息，而且本身具有一定权限，以便远程机器对本机的控制。区别在于：木马是一个完整的软件，而后门则体积较小且功能都很单一。后门程序类似于特洛伊木马，其用途在于潜伏在电脑中，从事搜集信息或便于黑客进入的动作。

后门程序和电脑病毒最大的差别在于，后门程序不一定有自我复制的动作，也就是说，后门程序不一定会“感染”其他电脑。

后门是一种登录系统的方法，它不仅能绕过系统已有的安全设置，而且还能挫败系统上各种增强的安全设置。

（二）后门分类

1. 网页后门

此类后门程序一般都是通过服务器上正常的 Web 服务来构造自己的连接方式，比如非常流行的 ASP、cgi 脚本后门等。

现在网络上针对系统漏洞的攻击事件渐渐少了，因为大家在认识到网络安全的重要性之后，采用了最简单却又最有效的防护办法——升级，所以今后系统漏洞存活的周期会越来越短。而从最近的趋势来看，脚本漏洞已经渐渐取代了系统漏洞的地位，非常多的人开始研究起脚本漏洞来。SQL 注入也开始成为各大安全站点的首要关注热点，即找到提升权限的突破口，进而拿到服务器的系统权限。

asp、CGI、PHP 这三个脚本大类在网络上的普遍运用带来了脚本后门在这三方面的发展。

2. 线程插入后门

这种后门在运行时没有进程，所有网络操作均播入其他应用程序的进程中完成。也就是说，即使受控制端安装的防火墙拥有“应用程序访问权限”的功能，也不能对这样的后门进行有效的警告和拦截，这就使对方的防火墙形同虚设了！这种后门本身的功能比较强大，因此对它的查杀比较困难。

3. 扩展后门

所谓扩展后门，在普通意义上理解，可以看成是将非常多的功能集成到了后门里，让后门本身就可以实现很多功能，方便直接控制主机或者服务器。这类后门非常受初学者的喜爱，通常集成了文件上传 / 下载、系统用户检测、HTTP 访问、终端安装、端口开放、启动 / 停止服务等功能，其本身就是个小的工具包，功能强大。

所谓“扩展”，是指在功能上有大的提升，比普通的单一功能的后门有更强的使用性。这种后门本身就相当于一个小的安全工具包，能实现非常多的常见安全功能，适合新手使用。但是，功能越强，反而会脱离了后门“隐蔽”的初衷，具体看法就看各位使用者的喜好了。

4. C/S 后门

C/S 后门是和传统的木马程序类似的控制方法，采用“客户端 / 服务端”的控制方式，通过某种特定的访问方式来启动后门，进而控制服务器。

传统的木马程序常常使用 C/S 构架，这样的构架很方便控制，也在一定程度上避免了“万能密码”的情况出现，对后门私有化有一定的贡献。这方面分类比较模糊，很多后门可以归结到此类中。

三、清除攻击痕迹

清除网络攻击痕迹就是“打扫战场”，把攻击过程中所产生的有关文件记录尽可能删除，避免留下攻击取证数据，同时为后续的攻击做好准备。

一个基本原则是切断取证链，尽量将痕迹清除在远离真实的攻击源所在处。

练一练

单项选择题

网络后门的功能是（　　）。

A. 保持对目标主机的长久控制　　B. 防止管理员密码丢失

C. 定期维护主机　　D. 防止主机被非法入侵

【**解析**】本题正确答案为A。

学完上述内容以后，大家应该知道了木马、后门、清除痕迹。在本部分中，如果你能够举例指出木马、后门、清除痕迹的作用，那么，恭喜你，你已经掌握了本部分的知识。请认真完成在线学习活动23，它将有助于你更好地巩固本部分的相关内容。

知识点4　攻击常用工具

学前思考4：

在科幻电影中，帅气的黑客都有一个万能工具包，可以从层层阻碍中突破防线，达到目的。那么在现实生活中，黑客会使用什么工具呢？

本节知识重点

学习提示：根据知识点3的学习，我们知道攻击的各种方法与技术，那么我们该使用什么工具来实现这一方法呢？接下来，我们将继续学习攻击常用工具，之后请大家观看视频资源《案例分析：攻击常用软件》，加深对该部分内容的理解，然后完成在线学习活动24。

黑客很聪明，但是他们并不都是天才，他们经常利用别人在安全领域广泛使用的工具和技术。一般来说，他们如果不自己设计工具，就必须利用现成的工具。在网上，这种工具很多，例如Nmap、Acunetix等非常短小实用的工具。

一、扫描工具

（一）端口扫描器——Nmap

Nmap是Network Mapper的缩写，是一种使用原始IP数据包的工具。Nmap具有发现网络、检查开放端口、管理服务升级计划，以及监视主机或服务的正常运行时间等功能。

Nmap 以隐秘的手法，避开闯入检测系统的监视，并尽可能不影响目标系统的日常操作，决定网络上有哪些主机，主机上的哪些服务（应用名称和版本）提供什么数据、什么操作系统、什么类型，以及什么版本的包过滤及防火墙正在被目标使用。Nmap 软件截图如图 7－3 所示。

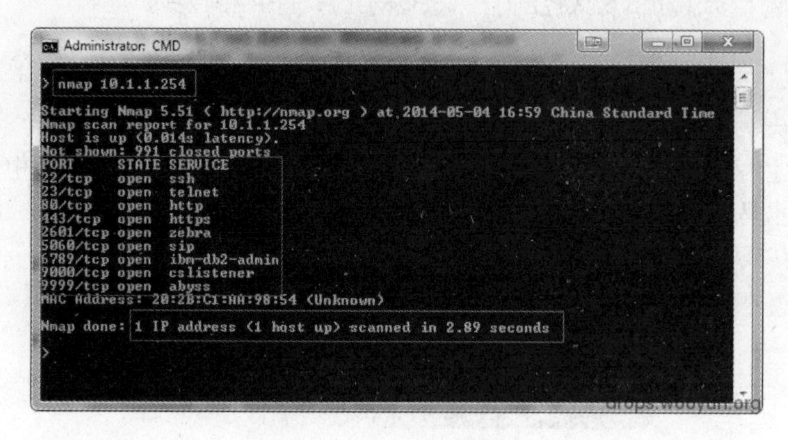

图 7－3　端口扫描器 Nmap

（二）漏洞扫描器——Acunetix

Acunetix 是一款自动漏洞扫描器，它可以检查 Web 应用程序中的漏洞，如 SQL 注入、跨站脚本攻击、身份验证页上的弱口令长度等。它拥有一个操作方便的图形用户界面，并且能够创建专业级的 Web 站点安全审核报告。Acunetix 软件截图如图 7－4 所示。

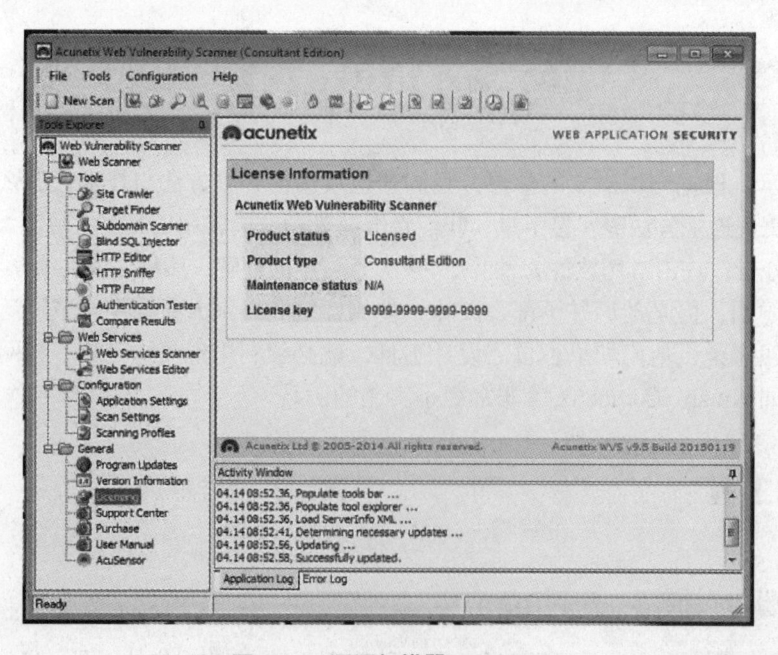

图 7－4　漏洞扫描器 Acunetix

二、获权提权工具

（一）Web 攻击工具——Burp Suite

Burp Suite 是用于攻击 WEB 应用程序的集成平台，包含了许多工具。Burp Suite 为这些工具设计了许多接口，以加快攻击应用程序的进程。所有工具都共享一个请求，并能处理对应的 HTTP 消息、持久性、认证、代理、日志、警报。Burp Suite 中有两个常用应用，一个叫 Burp Suite Spider，它可以通过监测 cookie、初始化这些 Web 应用的连接，列举并绘制出一个网站的各个页面以及它的参数；另一个叫 Intruder，它可以自动执行 Web 应用攻击。Burp Suite 软件截图如图 7－5 所示。

图 7－5 Web 攻击工具 Burp Suite

（二）漏洞攻击工具——Metasploit

Metasploit 项目是一个渗透测试以及攻击框架，是一个可用于执行各种任务的“黑客工具总汇”。Metasploit 被专业的网络安全研究人员以及大量黑客使用，并且它被认为是研究安全的必学内容。Metasploit 本质上是一个为用户提供已知安全漏洞主要信息的计算机安全项目（框架），并且 Metasploit 帮助制定渗透测试和 IDS 监测计划、战略以及利用计划。Metasploit 软件截图如图 7－6 所示。

（三）抓包工具——Wireshark

Wireshark 是一个网络封包分析软件，用于排查、分析网络问题和网络入侵。Wireshark 是个抓包工具，或者更确切地说，它是一个有效的分析数据包的开源平台。Wireshark 软件截图如图 7－7 所示。

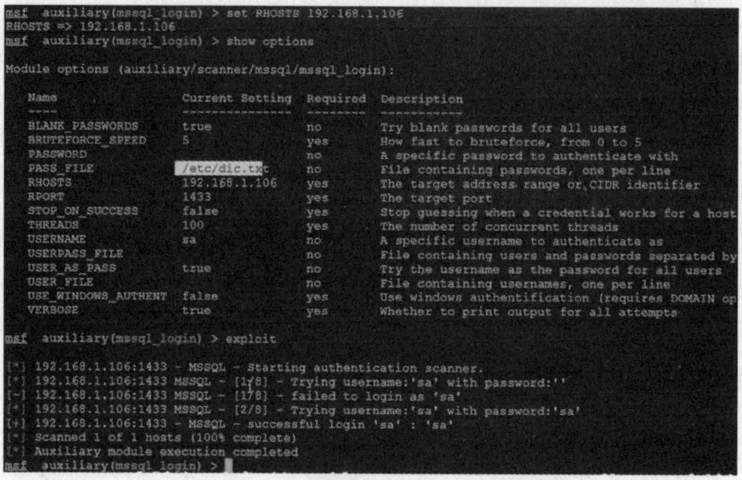

```
msf  auxiliary(mssql_login) > set RHOSTS 192.168.1.106
RHOSTS => 192.168.1.106
msf  auxiliary(mssql_login) > show options

Module options (auxiliary/scanner/mssql/mssql_login):

   Name                 Current Setting  Required  Description
   ----                 ---------------  --------  -----------
   BLANK_PASSWORDS      true             no        Try blank passwords for all users
   BRUTEFORCE_SPEED     5                yes       How fast to bruteforce, from 0 to 5
   PASSWORD                              no        A specific password to authenticate with
   PASS_FILE            /etc/dic.txt     no        File containing passwords, one per line
   RHOSTS               192.168.1.106    yes       The target address range or CIDR identifier
   RPORT                1433             yes       The target port
   STOP_ON_SUCCESS      false            yes       Stop guessing when a credential works for a host
   THREADS              100              yes       The number of concurrent threads
   USERNAME             sa               no        A specific username to authenticate as
   USERPASS_FILE                         no        File containing users and passwords separated by
   USER_AS_PASS         true             no        Try the username as the password for all users
   USER_FILE                             no        File containing usernames, one per line
   USE_WINDOWS_AUTHENT  false            yes       Use windows authentification (requires DOMAIN op
   VERBOSE              true             yes       Whether to print output for all attempts

msf  auxiliary(mssql_login) > exploit

[*] 192.168.1.106:1433 - MSSQL - Starting authentication scanner.
[*] 192.168.1.106:1433 MSSQL - [1/8] - Trying username:'sa' with password:''
[-] 192.168.1.106:1433 MSSQL - [1/8] - failed to login as 'sa'
[*] 192.168.1.106:1433 MSSQL - [2/8] - Trying username:'sa' with password:'sa'
[+] 192.168.1.106:1433 - MSSQL - successful login 'sa' : 'sa'
[*] Scanned 1 of 1 hosts (100% complete)
[*] Auxiliary module execution completed
msf  auxiliary(mssql_login) >
```

图 7－6　漏洞攻击工具 Metasploit

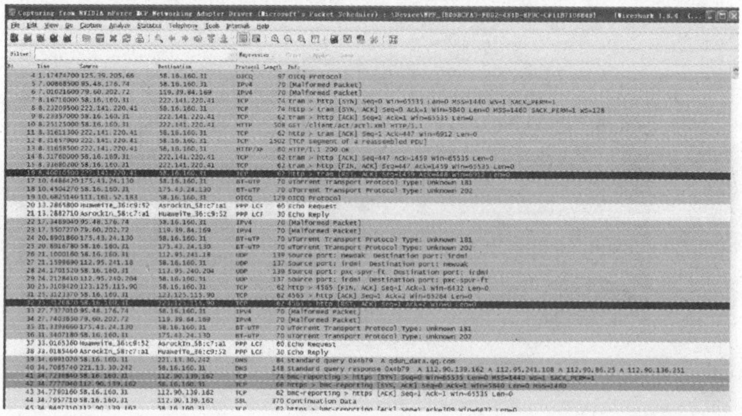

图 7－7　抓包工具 Wireshark

（四）暴力破解工具——THC Hydra

THC Hydra 是一个非常流行的密码破解软件。基本上 THC Hydra 是一个快速稳定的网络登录攻击工具，它使用字典攻击和暴力攻击，尝试大量的密码和登录组合来登录页面。攻击工具支持一系列协议，包括邮件（POP3、IMAP 等）、数据库、LDAP、SMB、VNC 和 SSH。THC Hydra 软件截图如图 7－8 所示。

（五）密码破解工具——John The Ripper

John The Ripper 是一款密码破解渗透测试工具，经常被用于执行字典攻击。John The Ripper 把文本字符串作为样本（来自文本文件的样本，被称为单词列表，包含在字典中找到的流行的、复杂的词汇或者之前破解时被用到的词汇），使用和加密方式相同的破解方式（包括加密算法和密钥）进行破解，然后对比加密字符串的输出得到破解密钥。这个工具也可以用来执行变种的字典攻击。John The Ripper 软件截图如图 7－9 所示。

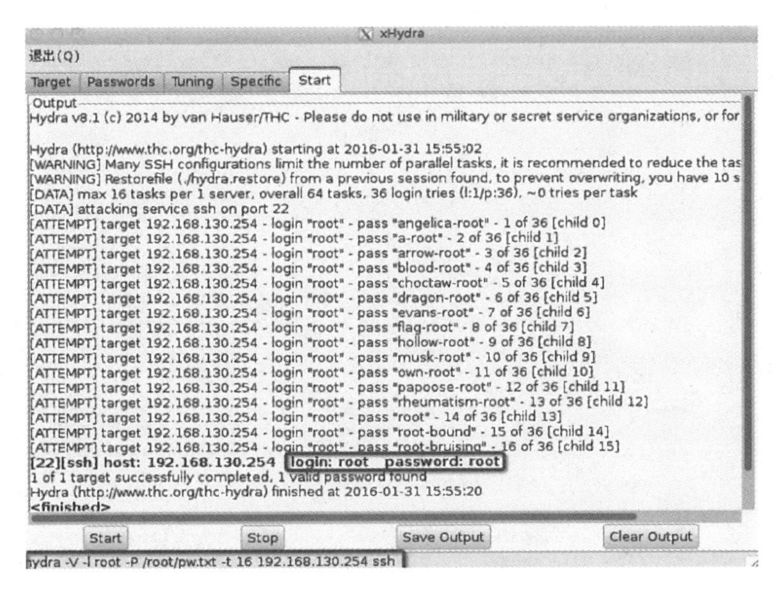

图 7－8 暴力破解工具 THC Hydra

```
user@bull:~/john-1.7.9-jumbo-6/run$ date; sed -n '/^model name/{p;q}' /proc/cpuinfo
Fri Jun 29 16:05:38 MSK 2012
model name      : AMD FX(tm)-8120 Eight-Core Processor
user@bull:~/john-1.7.9-jumbo-6/run$ ./john -te -fo=md5
Benchmarking: FreeBSD MD5 [128/128 XOP intrinsics 8x]... (8xOMP) DONE
Raw:    204600 c/s real, 25625 c/s virtual

user@bull:~/john-1.7.9-jumbo-6/run$ ./john -te -fo=bf
Benchmarking: OpenBSD Blowfish (x32) [32/64 X2]... (8xOMP) DONE
Raw:    5300 c/s real, 664 c/s virtual

user@bull:~/john-1.7.9-jumbo-6/run$ ./john -te -fo=sha512crypt-opencl
OpenCL platform 0: NVIDIA CUDA, 1 device(s).
Using device 0: GeForce GTX 570
Building the kernel, this could take a while
Local work size (LWS) 512, global work size (GWS) 7680
Benchmarking: sha512crypt (rounds=5000) [OpenCL]... DONE
Raw:    11349 c/s real, 11349 c/s virtual

user@bull:~/john-1.7.9-jumbo-6/run$ ./john -te -fo=mscash2-opencl -pla=1
OpenCL platform 1: AMD Accelerated Parallel Processing, 2 device(s).
Using device 0: Tahiti
Optimal Work Group Size:256
Kernel Execution Speed (Higher is better):1.403044
Benchmarking: M$ Cache Hash 2 (DCC2) PBKDF2-HMAC-SHA-1 [OpenCL]... DONE
Raw:    92467 c/s real, 92142 c/s virtual

user@bull:~/john-1.7.9-jumbo-6/run$ 
```

图 7－9 密码破解工具 John The Ripper

三、其他工具

（一）取证工具——Maltego

Maltego 是一款十分适合渗透测试人员和取证分析人员的优秀工具，其主要功能是开源情报收集和取证。跟其他取证工具不同，它在数字取证范围内工作。Maltego 被设计用来把一个全面的网络威胁图片传给企业或者其他进行取证的组织的局部环境，它是一个平台。Maltego 软件截图如图 7－10 所示。

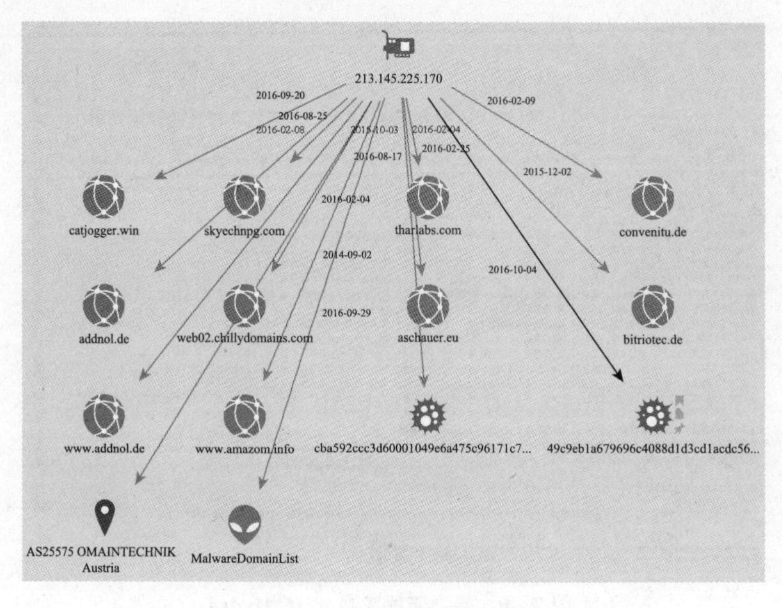

图 7－10　取证工具 Maltego

（二）整合工具包——Kali Linux

Kali Linux 是基于 Debian 的 Linux 发行版，设计用于数字取证的操作系统。Kali Linux 预装了许多渗透测试软件，包括 Nmap 、Wireshark 、John The Ripper 等。Kali Linux 软件截图如图 7－11 所示。

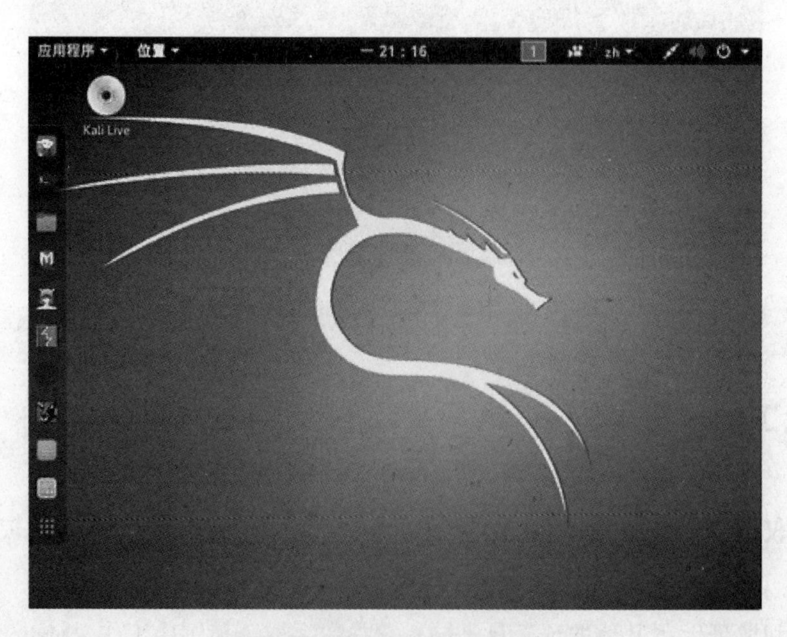

图 7－11　整合工具包 Kali Linux

练一练

单项选择题

Nmap 的作用是（　　）。

A. 暴力破解　　B. 端口扫描　　C. WEB 攻击　　D. 取证

【**解析**】本题正确答案为 B。

学完上述内容以后，大家应该知道了攻击的常用工具，同时也需要在课下熟练使用所提出的各种工具。

在本部分中，如果你能够在每个攻击步骤中选择合适的攻击工具，那么，恭喜你，你已经掌握了本部分的知识。请认真完成在线学习活动 24，它将有助于你更好地巩固本部分的相关内容。

到这里，本单元的学习之旅就算告一段落了，请大家记得按时完成本单元的作业，然后上传至网络平台中的“本单元作业”处。

拓展阅读

1. 张小斌，严望佳 . 黑客分析与防范技术 . 北京：清华大学出版社，1999.

2. Kevin D. Mitnick, William L. Simon. 反欺骗的艺术 . 北京：清华大学出版社，2014.

3. 文伟平，卿斯汉，蒋建春，等 . 网络蠕虫研究与进展 . 软件学报，2004, 15(8): 1208–1219.

单元小结

本单元主要讲述了信息安全的攻击流程、攻击方法与技术、网络后门与隐身、攻击常用工具。我们学完本单元，应该能够认识到黑客攻击的流程、方法、技术、应用等，不仅可以了解攻击技术，也可以从攻击技术中探寻如何进行防御。

以上就是本单元的全部内容，感谢大家的努力，继续保持，加油！

参考文献

［1］康海燕 . 网络隐私保护与信息安全 . 北京：北京邮电大学出版社，2016.

［2］韩筱卿，王建锋，钟玮 . 计算机病毒分析与防范大全 . 北京：电子工业出版社，2006.

［3］牛少彰，崔宝江，李剑 . 信息安全概论 . 北京：北京邮电大学出版社，2007.

［4］李剑 . 入侵检测技术 . 北京：高等教育出版社，2008.

［5］甘刚 . 网络攻击与防御 . 北京：清华大学出版社，2008.

［6］王世伟 . 论信息安全、网络安全、网络空间安全 . 中国网络空间安全发展报告（2015）. 北京：社会科学文献出版社，2015.

图书在版编目（CIP）数据

网络安全与管理 / 蔡大鹏，康海燕主编. —北京：中国人民大学出版社，2018.12
21世纪高等开放教育系列教材
ISBN 978-7-300-26366-3

Ⅰ.①网…　Ⅱ.①蔡…　②康…　Ⅲ.①计算机网络-安全技术-高等学校-教材　Ⅳ.①TP393.08

中国版本图书馆 CIP 数据核字（2018）第 236469 号

21世纪高等开放教育系列教材
网络安全与管理
主　编　蔡大鹏　康海燕
副主编　姚大川
Wangluo Anquan yu Guanli

出版发行	中国人民大学出版社		
社　　址	北京中关村大街 31 号	**邮政编码**	100080
电　　话	010-62511242（总编室）		010-62511770（质管部）
	010-82501766（邮购部）		010-62514148（门市部）
	010-62515195（发行公司）		010-62515275（盗版举报）
网　　址	http://www.crup.com.cn		
	http://www.ttrnet.com（人大教研网）		
经　　销	新华书店		
印　　刷	北京宏伟双华印刷有限公司		
规　　格	185 mm × 260 mm　16 开本	**版　　次**	2018 年 12 月第 1 版
印　　张	9.75	**印　　次**	2018 年 12 月第 1 次印刷
字　　数	216 000	**定　　价**	28.00 元